"十四五"职业教育国家规划教材

"十三五"职业教育国家规划教材（修订版）

江苏省高等学校重点教材（编号：2021-1-065）

C 语言程序设计

第 2 版

沈涵飞　编著

机械工业出版社

本书是"十四五"职业教育国家规划教材，同时也是江苏省高等学校重点教材。

本书以培养学生程序设计基本能力为目标，以程序设计为主线，以任务驱动为手段，通过任务和问题引入内容，重点讲解程序设计的思想和方法，并结合相关的语言知识进行介绍。

本书图文并茂，示例丰富，深度剖析了 C 语言的基础知识，内容涉及数据类型、算术运算、输入输出、流程控制、数组、函数、字符串、指针、结构体、文件处理等。本书对难以理解的概念，精心绘制了示意图，进行清晰、通俗的讲解。

本书将程序在线评测系统（http://oj.csoeasy.com/）引入课程教学，建立了适合初学者的阶梯式题库，让学生在程序评测过程中掌握自身的学习进度，取得成就感。

本书配有丰富的数字资源，包括课程网站（http://www.csoeasy.com/）、PPT、书中代码、习题及参考答案、速查表、C 语言示范代码等。"新思维：C 语言程序设计"课程自 2014 年在网易云课堂上线后，选课人数已超过 2 万人。

本书可作为应用型、技能型人才培养的计算机专业及相关专业的教学用书，也可作为对 C 程序设计感兴趣的读者的自学用书。

图书在版编目（CIP）数据

C语言程序设计/沈涵飞编著 . —2版（修订版）. —北京：机械工业出版社，2022.12（2024.6重印）

"十三五"职业教育国家规划教材

ISBN 978-7-111-72166-6

Ⅰ．①C… Ⅱ．①沈… Ⅲ．①C语言—程序设计—高等职业教育—教材 Ⅳ．①TP312.8

中国版本图书馆CIP数据核字（2022）第231403号

机械工业出版社（北京市百万庄大街22号 邮政编码100037）

策划编辑：赵志鹏	责任编辑：赵志鹏 徐梦然
责任校对：陈 越 刘雅娜	封面设计：马精明
责任印制：单爱军	

保定市中画美凯印刷有限公司印刷

2024年6月第2版第6次印刷

184mm×260mm・12.5 印张・290千字

标准书号：ISBN 978-7-111-72166-6

定价：42.50元

电话服务　　　　　　　　　网络服务

客服电话：010-88361066　　机 工 官 网：www.cmpbook.com

　　　　　010-88379833　　机 工 官 博：weibo.com/cmp1952

　　　　　010-68326294　　金 书 网：www.golden-book.com

封底无防伪标均为盗版　机工教育服务网：www.cmpedu.com

关于"十四五"职业教育
国家规划教材的出版说明

为贯彻落实《中共中央关于认真学习宣传贯彻党的二十大精神的决定》《习近平新时代中国特色社会主义思想进课程教材指南》《职业院校教材管理办法》等文件精神，机械工业出版社与教材编写团队一道，认真执行思政内容进教材、进课堂、进头脑要求，尊重教育规律，遵循学科特点，对教材内容进行了更新，着力落实以下要求：

1. 提升教材铸魂育人功能，培育、践行社会主义核心价值观，教育引导学生树立共产主义远大理想和中国特色社会主义共同理想，坚定"四个自信"，厚植爱国主义情怀，把爱国情、强国志、报国行自觉融入建设社会主义现代化强国、实现中华民族伟大复兴的奋斗之中。同时，弘扬中华优秀传统文化，深入开展宪法法治教育。

2. 注重科学思维方法训练和科学伦理教育，培养学生探索未知、追求真理、勇攀科学高峰的责任感和使命感；强化学生工程伦理教育，培养学生精益求精的大国工匠精神，激发学生科技报国的家国情怀和使命担当。加快构建中国特色哲学社会科学学科体系、学术体系、话语体系。帮助学生了解相关专业和行业领域的国家战略、法律法规和相关政策，引导学生深入社会实践、关注现实问题，培育学生经世济民、诚信服务、德法兼修的职业素养。

3. 教育引导学生深刻理解并自觉实践各行业的职业精神、职业规范，增强职业责任感，培养遵纪守法、爱岗敬业、无私奉献、诚实守信、公道办事、开拓创新的职业品格和行为习惯。

在此基础上，及时更新教材知识内容，体现产业发展的新技术、新工艺、新规范、新标准。加强教材数字化建设，丰富配套资源，形成可听、可视、可练、可互动的融媒体教材。

教材建设需要各方的共同努力，也欢迎相关教材使用院校的师生及时反馈意见和建议，我们将认真组织力量进行研究，在后续重印及再版时吸纳改进，不断推动高质量教材出版。

机械工业出版社

前　言

C 语言诞生于 20 世纪 70 年代初，是最早得到广泛使用的程序设计语言。它既具备高级语言的特性，又具有直接操纵计算机硬件的能力，并以其丰富灵活的控制和数据结构、简洁而高效的语句表达、清晰的程序结构和良好的可移植性而拥有大量的使用者。目前，C 语言被许多院校列为程序设计课程的首选语言。

不仅如此，后续的许多程序设计语言如 Java、PHP、C#、Python、Swift 在设计上深受 C 语言的影响，而 C++、Objective-C 本身就包含了 C 语言。掌握好 C 语言，通过罗塞塔石碑学习法，很快就能掌握其他程序设计语言中结构化程序设计的对应内容。本书以 C 语言为起点介绍程序设计，但又不局限于 C 语言，还介绍了如何依托 C 语言去学习 Java、PHP、Python 等常用语言。本书的第 5 章"算法和程序设计"则搭建了 C 语言和数据结构这两门课程的桥梁。

本书具有如下特点：

1. 以程序设计为主线，以问题求解为驱动，逐步引入程序设计语言知识，在不断实践中来培养编程能力。为了让读者更好地掌握程序设计语言，本书配有 C/C++/Java/Python 程序自动评测系统，网址为 http://oj.csoeasy.com/。该系统提供了大量适合初学者练习的程序，有利于读者循序渐进，逐步提高。

2. 提供了丰富的学习资源，包括 PPT、二维码视频、课程网站、速查表、经典 C 语言代码、教材程序和习题参考答案等。早在 2014 年 5 月，本书的网络课程"新思维：C 语言程序设计"就在网易云课堂上线。上线之初，就以新颖的教学理念，获得了网易云课堂首页连续一个月的推荐，至今选课人数已经超过 2 万人。除此之外，本书还创建了课程网站 http://www.csoeasy.com/。另外，获得江苏省教师现代教育技术应用作品大赛多媒体课件组一等奖的"C 语言程序设计自助练习"（http://do.feikuaixue.com/）也从校内推广到互联网。这些学习资源在实践应用中获得了高度评价。

3. 图文并茂。全书共有插图近 60 个，其中超过一半是精心绘制的示意图，对 C 语言语法以及一些难以理解的概念进行了通俗的介绍。

4. 文化引领。程序设计文化可以激发学生学习程序设计的兴趣，提高其综合素养及实践创新能力。本书介绍了六位著名的计算机科学家在计算机和程序设计方面作出的杰出贡献，让学生真切感受到这些科学家的人格魅力。本书特别提到了出生于天津的朱传榘在设计第一台计算机 ENIAC 中作出的杰出贡献，以增强学生的民族自豪感。

5. 本书增加了"程序设计伴手礼"，把分散在全书各处的体现学科思维和方法的知识点汇集起来，有助于读者对程序设计形成全面认知；另外，还把分散在每章最前面的问题汇聚在一起，组成"课程问题清单"，方便读者全面检查自己对 C 语言的理解。

本书自第 1 版出版以来，承蒙读者们的厚爱和赐教，我获得了许多宝贵的反馈意见。从这些反馈中，我感受到了读者们对本书再版的善意鼓励和殷切期待。同时，职业教育国家规划教材的评审专家也对本书提出了中肯的反馈意见。根据读者和专家的反馈，本次再版增加了预处理命令（7.11）、函数和字符串指针（9.7）、共用体：节约内存（10.5）等内容，丰富了知识体系。

正文增加的内容还包括"先见森林，后见树木：马踏棋盘"（1.3.3）、构建知识之间的联系：2W1H 模型（2.2.4）、三类任务的特点及学习策略（3.6）、思维导图（5.3.3）、MVC（模型、视图、控制器）设计模式（7.12）等。

本书为读者归纳了 18 条建议，作为伴手礼（take-home messages），希望这些专业思维与学习方法能陪伴读者左右。此外，本书还把分散在每章开始的问题汇聚在一起，组成"导读问题清单"，方便读者全面地检查自己对 C 语言的理解；为了更清晰地呈现主要知识点，本次再版采用了三级目录显示章节标题。

本书附录增加了当前普遍应用的 VS Code 作为 C 语言开发环境，方便读者在同一个环境中编写 Java、Python 等常用程序设计语言的代码，更好地实践罗塞塔石碑语言学习法。附录还介绍了洛谷和力扣这两个常用的程序在线评测系统，供学有余力的读者提升自己在算法和数据结构方面的能力。

本书是在苏州工业园区服务外包职业学院刘正教授的鼓励和大力支持下编写的。在编写过程中，得到了王春华老师的帮助和支持。大连海事大学蒋波教授和重庆电子工程职业学院朱堂勋副教授认真审阅了第 2 版新增内容并给出了详细的修改建议。本书也是校企合作的成果，苏州大宇宙信息创造有限公司张明亮、北京普开数据技术有限公司技术总监刘生、苏州亿盟软件信息技术有限公司 CTO 梁增华（也是苏州工业园区服务外包职业学院兼职教师）给本书提了很多建议和指导。没有他们的帮助就不会有本书的面世，本人在此表示衷心的感谢。

写一本书不容易，写一本好书更不容易，虽然我把写一本好书作为目标，但限于本人水平有限，书中难免有不足之处，恳请读者批评和指正。我的电子邮箱为 shenhf@siso.edu.cn。

编　者

程序设计伴手礼

本书为读者归纳了 18 条建议，作为伴手礼（take-home messages），希望这些专业思维与学习方法能陪伴读者左右，页码也已注明，方便查阅。

带着问题学习

采用问题导向，带着问题去阅读、研究，能够有效地提升学习效果。本书每章都有针对性地提出了若干个问题，用于启发读者进行思考，明确学习重点。

KISS 原则

美国计算机科学家丹尼斯·里奇将 Unix 的设计原则确定为"保持简单和直接"（Keep it simple and stupid），即 KISS 原则。为了做到这一点，Unix 由许多小程序组成，每个小程序只完成一个简单功能。依据"分而治之"的思想，复杂操作可以分解成一些基本步骤，由这些小程序逐一完成，再组合起来得到最终结果。C 语言也贯彻了"保持简单"的原则，语法简洁，对使用者的限制很少。（第 005 页）

学习方法：模仿、理解、运用

模仿：在学习过程中，遇到不明白的内容，未必要去探究每一个细节。这看似鼓励你"不求甚解"，但实为考虑到学习规律而作出的明智决策。

理解：围绕实例，在积累必要的感性认识的基础上，更有效地理解概念和原理。

运用：在理解和掌握概念和原理的基础上，通过开发程序解决新问题，以便深入理解课程知识。运用是更高层次的模仿。（第 013 页）

2W1H 模型

模型包含三个要素：What(是什么)、Why(为什么)和 How(怎么做)。应用 2W1H 模型，可在描述中突破纯粹的事实层面，把点点滴滴连接成线，在混乱中找到秩序。（第 018 页）

C 程序的基本结构 DICO

这是典型 C 语言程序的组成，包含声明(Declaration)、输入(Input)、计算（Compute）、输出（Output）四部分。函数也采用类似结构。（第 021 页）

反馈原理和 OJ

有效的反馈机制是目标达成的必要环节。读者参与自我评价，可有效地改善学习进程。本书配套的程序在线评测系统（OJ）提供了 100 多道适合初学者的练习题，以循序渐进的方式编排，俗称"百题大战"。评测系统能给读者提供快速反馈，有利于清晰地评估学习进度。（第 022 页）

管道机制

管道的概念是由美国科学家道格拉斯·麦克罗伊提出的，其基本原理是将一个程序的输出作为另一个程序的输入。（第 033 页）

代码清晰易读

随着应用问题的复杂程度增加，程序的逻辑结构也变得相对复杂，代码量也必然会增加，因此有必要注意代码规范，养成良好的程序设计风格。大多数 IDE 都具有代码格式化提示功能，自动显示代码规则。C-Free 5.0 具备代码格式提示功能，编码时可注意充分利用。（第 049 页）

罗塞塔石碑语言学习法

罗塞塔石碑刻有 3 种不同语言版本的同一段内容，使得考古学家有机会对照各语言版本的内容，解读出失传千余年的埃及象形文的意义与结构。这种方法为计算机编程语言的学习给出了启示，即依据已有编程语言的基础，去学习一门新的编程语言，可大大提高学习效率。程序评测系统为此提供了技术上的支持。（第 058 页）

迭代法

迭代法是解决复杂问题的一种基本方法，可利用计算机运算速度快与适合做重复性操作这两大特点来实现迭代算法。但是，迭代运算不是简单的重复操作，每次执行一组操作后，某些变量都会从一个旧值，推演出一个新值。

在软件开发过程中，也会应用这一思想，找到事物的漏洞或者不完美的地方，反复迭代，一遍遍修改、完善，不断优化现有的程序。（第 063 页）

序进原理

有步骤地递进呈现知识和经验，组织好从简单到复杂的有序累积过程，能降低学习曲线的陡峭程度。例如，输出九九乘法表的程序采用了序进原理来呈现代码的编写过程。（第 065 页）

结构化程序设计方法

把一个复杂问题的求解过程分阶段进行，每个阶段处理的问题都控制在人们容易理解和处理的范围内。采取自顶向下、逐步求精、模块化设计、结构化编码的方法来保证得到结构化的程序。（第 075 页）

模拟

指用来模拟特定系统的抽象模型的计算机程序。模拟法是最直观的问题求解方法之一，通常对某一类事件进行描述，通过事件发生的先后顺序进行输入输出。模拟法主要有随机模拟和过程模拟两种形式。（第 087 页）

不要重复造轮子

编写代码时，若出现雷同或相似的代码片段，要想办法将相同的部分提取出来，做成一段独立的代码（例行程序或函数），供其他程序调用。这样做既能降低求解问题的复杂度，降低出错风险，又能减少维护的工作量。（第 089 页）

模块化设计

模块化设计就是将要解决的问题分解为多个子问题，然后用独立的代码模块（如函数、类、API 等）解决求解各个子问题，最后将所有模块组织成一个复杂系统的问题求解过程。在模块化设计过程中，要尽可能使模块能够被其他业务场景所利用，提高模块的可重用性（可复用性）。项目管理学科则使用 WBS（Work Breakdown Structure）工具，把大任务分解成小任务，把复杂任务分解为简单任务，实现多人协同推进。（第 091 页）

递归思维

如果一个对象部分地由自己组成，或者是按它自己定义的，则称为是递归的。递归在数学和计算机学科中经常被用到。递归采用自顶向下、先整体再局部的思维模式，掌握数学归纳法有助于理解递归的思想。（第 098 页）

类比法

类比法是将未知或不确定的对象，与已知对象进行归类比较，进而提出对未知或不确定对象的猜测。如果未知的对象确实与某种已知对象有较多相似之处，则类比法就有一定的认知价值。采用类比法学习是高效率的学习方式，能够集中精力关注两个类比对象的异同点。（第 115 页）

抽象思维：一切都是文件

为了简化对硬件组件的管理，操作系统将"一切都看作文件"，因此只需要一套相同的管理工具、实用程序和 API。在由 Unix 衍生的一些操作系统中，如 Linux、FreeBSD、macOS 等，也继承了这一设计理念。由众多实例或案例归纳出通用的方法和规则，其核心思想就是抽象。在程序世界中，抽象是很重要的概念。除了对于技术层面（如数据类型、数据结构、算法、并发模式等）的抽象外，还有对业务层面（如业务流程、业务模型、业务数据等）的抽象。（第 031 页，第 149 页）

导读问题清单

采用问题导向、带着问题去阅读、去研究，能够有效地提升学习效果。本书每章都有针对性地提出了若干个需要解决的问题，用于启发读者思维，明确学习重点。每章提出的问题汇总如下，以便读者自测对本书内容的理解和掌握程度。

第 1 章 初识 C 语言

计算机是在什么背景下产生的？

高级语言相对于机器语言和汇编语言的优越性在哪里？

和 Python 语言相比，C 语言的开发效率高吗？

KISS 原则的理念是什么？

C 语言有哪些特点？

你能在 10s 内完成"Hello，World！"程序的编写吗？

第 2 章 数据类型、运算和输入输出

"="和"=="有什么不同？

C 语言中最常用的基本数据类型有哪些？

50 亿这个数字能用整数类型 int 表示吗？

为什么浮点数不能精确地表示数据？

同一个字符可通过哪些形式来输出？

什么是管道机制？

第 3 章 分支结构

如何区分语句块？

常见运算符的优先级是如何排列的？

什么是逻辑运算符的短路特性？

什么情况下 switch-base 语句中不使用 break？

if else 语句是如何匹配的？

第 4 章 循环结构

常见的序列是如何用 for 循环来表示的？

什么是罗塞塔石碑语言学习法？

while 循环适用于哪些情况？

什么是迭代法？

break 和 continue 有何差别？

第 5 章 算法和程序设计

什么是程序？

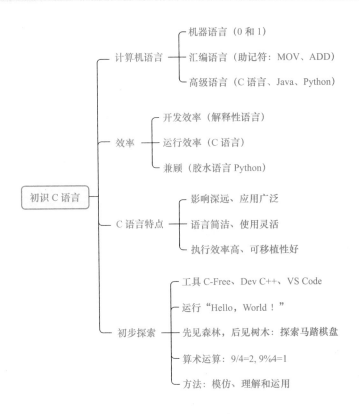

- 初识 C 语言
  - 计算机语言
    - 机器语言（0 和 1）
    - 汇编语言（助记符：MOV、ADD）
    - 高级语言（C 语言、Java、Python）
  - 效率
    - 开发效率（解释性语言）
    - 运行效率（C 语言）
    - 兼顾（胶水语言 Python）
  - C 语言特点
    - 影响深远、应用广泛
    - 语言简洁、使用灵活
    - 执行效率高、可移植性好
  - 初步探索
    - 工具 C-Free、Dev C++、VS Code
    - 运行"Hello，World！"
    - 先见森林，后见树木：探索马踏棋盘
    - 算术运算：9/4=2, 9%4=1
    - 方法：模仿、理解和运用

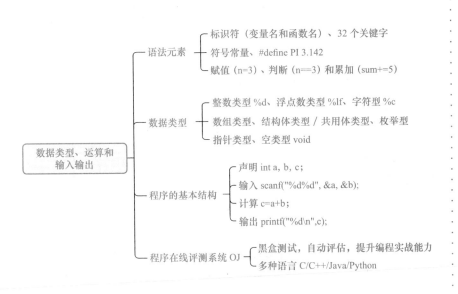

- 数据类型、运算和输入输出
  - 语法元素
    - 标识符（变量名和函数名）、32 个关键字
    - 符号常量、#define PI 3.142
    - 赋值（n=3）、判断（n==3）和累加（sum+=5）
  - 数据类型
    - 整数类型 %d、浮点数类型 %lf、字符型 %c
    - 数组类型、结构体类型 / 共用体类型、枚举型
    - 指针类型、空类型 void
  - 程序的基本结构
    - 声明 int a, b, c;
    - 输入 scanf("%d%d", &a, &b);
    - 计算 c=a+b;
    - 输出 printf("%d\n",c);
  - 程序在线评测系统 OJ
    - 黑盒测试，自动评估，提升编程实战能力
    - 多种语言 C/C++/Java/Python

分支结构
- 3 种形式
  - 单分支：只有 if
  - 双分支：if else、三元运算符（？：）
  - 多分支：if/else if/else、switch-case-break
- 运算符
  - 关系运算符（>、==、<）、逻辑运算符（&&、||、！）
  - 自增 n++（相当于 n；n=n+1）
  - 短路（&&、||）
- 代码规范
  - 代码格式化
  - 变量名称
  - 注释
- 任务驱动
  - 程序类（阅读和编码）
  - 操作类（信息检索、团队合作）
  - 知识类（列表、摘要、示意图、模型）

循环结构
- 3 种循环
  - for 循环：表示次数和序列（直接和间接）
  - while 循环（流程图表示）
  - do-while 循环（至少执行一次）
- 改变流程
  - break 跳出当前循环
  - continue 转入下一次循环
- 方法策略
  - 序进原理
    - 水仙花数
    - 九九乘法表
  - 罗塞塔石碑学习法（C 语言 → Java 和 Python）

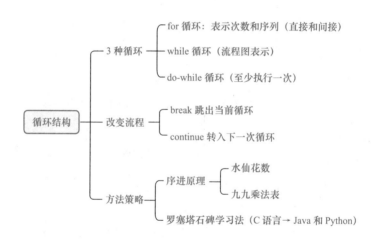

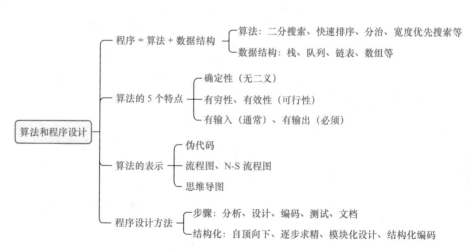

算法和程序设计
- 程序 = 算法 + 数据结构
  - 算法：二分搜索、快速排序、分治、宽度优先搜索等
  - 数据结构：栈、队列、链表、数组等
- 算法的 5 个特点
  - 确定性（无二义）
  - 有穷性、有效性（可行性）
  - 有输入（通常）、有输出（必须）
- 算法的表示
  - 伪代码
  - 流程图、N-S 流程图
  - 思维导图
- 程序设计方法
  - 步骤：分析、设计、编码、测试、文档
  - 结构化：自顶向下、逐步求精、模块化设计、结构化编码

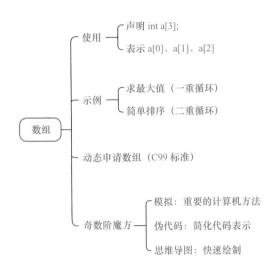

数组
- 使用
  - 声明 int a[3];
  - 表示 a[0]、a[1]、a[2]
- 示例
  - 求最大值（一重循环）
  - 简单排序（二重循环）
- 动态申请数组（C99 标准）
- 奇数阶魔方
  - 模拟：重要的计算机方法
  - 伪代码：简化代码表示
  - 思维导图：快速绘制

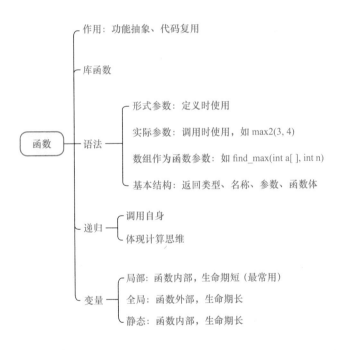

函数
- 作用：功能抽象、代码复用
- 库函数
- 语法
  - 形式参数：定义时使用
  - 实际参数：调用时使用，如 max2(3, 4)
  - 数组作为函数参数：如 find_max(int a[ ], int n)
  - 基本结构：返回类型、名称、参数、函数体
- 递归
  - 调用自身
  - 体现计算思维
- 变量
  - 局部：函数内部，生命期短（最常用）
  - 全局：函数外部，生命期长
  - 静态：函数内部，生命期长

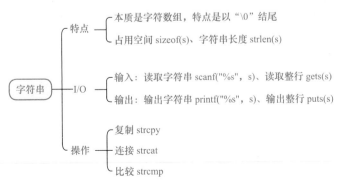

字符串
- 特点
  - 本质是字符数组，特点是以 "\0" 结尾
  - 占用空间 sizeof(s)、字符串长度 strlen(s)
- I/O
  - 输入：读取字符串 scanf("%s"，s)、读取整行 gets(s)
  - 输出：输出字符串 printf("%s"，s)、输出整行 puts(s)
- 操作
  - 复制 strcpy
  - 连接 strcat
  - 比较 strcmp

指针
├─ 相互转换
│   ├─ 值→地址：account=&xiaowang_money
│   └─ 地址→值：左 * 右 []：*acount 或 acount[0]
├─ 数组和指针
│   ├─ 数组：如 int a[10]；分配 10 个整型的空间，a 是常量指针
│   └─ 指针：如 int *p=a; 分配 8 个字节（64 位计算机）的空间
├─ 函数调用方式
│   ├─ 传值：复制参数的值
│   └─ 传地址：swap(int *px, int *py)
├─ 字符串
│   ├─ 字符串指针：char *p = "Hello" 只读
│   └─ 字符串：char s[ ] = "Hello" 可写
└─ 各类指针
    ├─ 指针数组：int main(int argc, char *argv[])
    └─ 函数指针：int (*compare)(void *, void *)

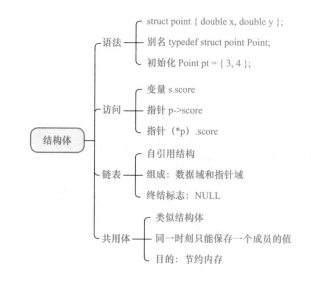

结构体
├─ 语法
│   ├─ struct point { double x, double y };
│   ├─ 别名 typedef struct point Point;
│   └─ 初始化 Point pt = { 3, 4 };
├─ 访问
│   ├─ 变量 s.score
│   ├─ 指针 p->score
│   └─ 指针 （*p) .score
├─ 链表
│   ├─ 自引用结构
│   ├─ 组成：数据域和指针域
│   └─ 终结标志：NULL
└─ 共用体
    ├─ 类似结构体
    ├─ 同一时刻只能保存一个成员的值
    └─ 目的：节约内存

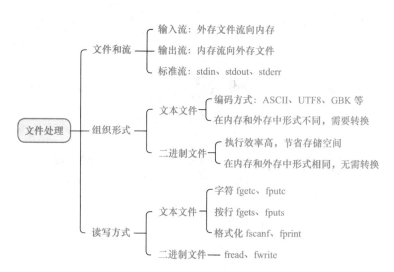

文件处理
├─ 文件和流
│   ├─ 输入流：外存文件流向内存
│   ├─ 输出流：内存流向外存文件
│   └─ 标准流：stdin、stdout、stderr
├─ 组织形式
│   ├─ 文本文件
│   │   ├─ 编码方式：ASCII、UTF8、GBK 等
│   │   └─ 在内存和外存中形式不同，需要转换
│   └─ 二进制文件
│   ├─ 执行效率高，节省存储空间
│   └─ 在内存和外存中形式相同，无需转换
└─ 读写方式
    ├─ 文本文件
    │   ├─ 字符 fgetc、fputc
    │   ├─ 按行 fgets、fputs
    │   └─ 格式化 fscanf、fprint
    └─ 二进制文件 ── fread、fwrite

二维码索引

（续）

目　录

第1章
初识 C 语言

Chapter

01

1.1 计算机和程序设计语言

1.1.1 计算机的发展和程序设计语言的产生

恩格斯说过，"社会一旦有技术上的需要，则这种需要就会比十所大学更能把科学推向前进"。第二次世界大战期间，为了取得对德国的武器优势，美军决定设计和制造更精准、更有威力的火炮，这涉及大量的重复性计算。因此，美国陆军资助了世界上第一台通用计算机 ENIAC（Electronic Numerical Integrator And Computer，电子数值积分计算机）的设计和建造。建造合同在 1943 年 6 月 5 日签订，建造完成的机器在 1946 年 2 月 14 日公布，并于次日在宾夕法尼亚大学正式投入使用。此时第二次世界大战已经结束了，不再需要计算弹道轨迹，ENIAC 转而被用于计算氢弹研制中的数学问题。ENIAC 是个庞然大物，重达 30 吨，占地 160 多平方米，每秒可运算 5000 次加法，在当时的人们看来，它的计算速度已经非常快了。

ENIAC 是宾夕法尼亚大学的约翰·莫齐利（John Mauchly）和约翰·普雷斯波·埃克特（J.Presper Eckert）构思和设计的，协助设计的包括出生于天津的朱传榘，他是 ENIAC 的 6 位研制人员之一，负责设计除法器和平方 / 平方根器，在线路设计和实验调试中也发挥了重要作用。由于研制 ENIAC 的突出贡献，朱传榘成为了 1981 年 IEEE 计算机先驱奖的唯一获奖者。

莫齐利和埃克特还设计了世界上第二台计算机 EDVAC（Electronic Discrete Variable Automatic Computer，离散变量自动电子计算机），出生于匈牙利的美国籍犹太人数学家冯·诺伊曼（John von Neumann，见图 1-1）以技术顾问形式加入，总结和详细说明了 EDVAC 的逻辑设计，提出的体系结构一直延续至今，即冯·诺伊曼结构。按照冯·诺伊曼的思想，一台自动计算机应该包括运算器、控制器、存储器和输入输出设备，它是由程序来控制的。

图 1-1 冯·诺伊曼

EDVAC 与它的前任 ENIAC 还有一个不同，就是 EDVAC 采用了二进制。尽管今天的计算机速度远超 EDVAC，但从系统结构上，今天的计算机和它没有本质区别。

从冯·诺伊曼结构开始，计算机科学慢慢演变为硬件（计算机本身）和软件（控制计算机的程序）两部分。

1.1.2　机器语言、汇编语言和高级语言

计算机诞生初期，使用的是机器语言。机器语言就是 CPU 的指令系统，是二进制数，是硬件唯一可直接执行的语言，不可移植。它是计算机的设计者通过计算机的硬件结构赋予计算机的操作功能。机器语言的特点是能直接执行和速度快。现今存在着多种机器语言，不同种类的计算机，其机器语言是不相通的。

机器语言的编写十分烦琐，编写出的程序完全是 0 与 1 的指令代码，可读性差且容易出错。现在，除了计算机生产厂家的专业人员外，绝大多数程序员已经不再学习机器语言，而是使用汇编语言。

汇编语言使用助记符（Mnemonics）来代替和表示特定低级机器语言的操作。例如，在加法操作的机器语言中加上 add（加法 addition 的缩写）、在比较运算的机器语言中加上 cmp（比较 compare 的缩写），这样通过查看用汇编语言写的源代码，就可以了解程序的含义了。

计算机是无法识别除机器语言外的其他语言的，所以汇编语言想要在计算机上运行，必须被转换为机器语言，如图 1-2 所示。负责转换工作的程序称为汇编器，这个过程称为汇编。

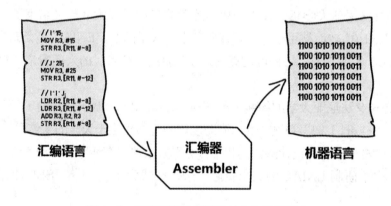

图 1-2　汇编语言经汇编器转化为机器语言

用汇编语言编写的源代码与机器语言代码是一一对应的。因此，机器语言也可以转换成可读性较好的汇编语言的源代码，完成这一功能的程序称为反汇编程序。

计算机的核心是中央处理器（Central Processing Unit），简称 CPU。汇编语言和机器语言都是针对某一特定机器（CPU）的，在计算机发展初期，计算机种类很少时，这两种语言能满足当时的需要。但随着越来越多的计算机和 CPU 的出现，汇编语言也显得力不从心，以 C 语言为代表的高级语言就应运而生。

高级语言（High-level programming language）就是面向人的语言，机器语言与汇编

语言是面向机器的语言。高级语言写的程序不面向机器，因而抽象级别高，是可移植的。用高级语言编写的源程序是无法被直接执行的，必须翻译成机器语言才能执行，通常翻译的过程有两种：编译方式和解释方式。

1.1.3　程序设计的开发效率和运行效率

摩尔定律（Moore's law）是由英特尔（Intel）公司创始人之一戈登·摩尔（Gordon Moore）提出来的，其内容为：当价格不变时，集成电路上可容纳的元器件的数目，每隔18～24个月便会增加一倍，性能也将提升一倍。这一定律揭示了半导体技术进步的速度。经过几十年的发展，计算机的核心部件 CPU 的性能有了质的飞跃，计算机硬件成本大幅降低，计算机应用范围的不断扩大，程序设计的效率关注点也逐渐从早期的运行效率转向运行效率和开发效率并重。

在软件开发的早期，计算机硬件成本高昂，程序开发人员的首要考虑是充分利用硬件资源，侧重于开发出运行效率高的程序。在此背景下，20 世纪 70—80 年代，主流的编程语言就是 C 语言。到了 20 世纪 80 年代，面向对象的特性被加入程序设计语言的特性中，贝尔实验室的 Bjarne Stroustrup 进一步扩充和完善了 C 语言，在 1983 年推出了 C++。C++ 是第一个大规模使用的面向对象语言。

20 世纪 80 年代末—90 年代中期，由于硬件性能呈现指数级的上升，硬件资源在很多应用场合下已经不再是瓶颈，程序的开发效率受到了重视，解释性语言如 Perl、Python 和 PHP 就在这个阶段应运而生。解释性语言在执行速度上远远不如 C/C++ 语言，但开发效率却能成倍提高。

20 世纪 90 年代中后期，互联网带来的信息爆炸，往往要求开发者以互联网演变一样的速度去开发系统，以更少的人力去实现相同的开发任务。在此背景下，这些解释性语言获得了广泛的应用。

硬件性能提升并不意味着程序的执行效率无关紧要。即使当今 CPU 的处理速度很快，在一些应用领域仍然需要优化程序的执行速度。例如，数值计算和动画，常常需要其核心数值处理单元至少以 C 语言的速度（或更快）执行。如果在以上领域工作，通过分离一部分需要优化速度的应用，将其转换为编译好的扩展，并在整个系统中使用 Python 语言将这部分应用连接起来，就能实现开发效率和运行效率的兼顾，Python 也因此被称为"胶水语言"（glue language）。

1.1.4　最常见的程序设计语言及其用途

程序设计语言是人和计算机通信的基本工具，会影响人和计算机通信的方式和质量。最常用的程序设计语言主要有 C/C++、Java、C#、Python、PHP、JavaScript、Go、Objective-C 等，表 1-1 列出了这些语言的特点和用途。

表 1-1 最常用的程序设计语言简介

编程语言	主要特点和用途
C/C++	C++ 是在 C 语言的基础上发展起来的。C++ 包含了 C 语言的所有内容，C 语言是 C++ 的一个部分，它们往往混合在一起使用，统称为 C/C++。C/C++ 主要用于系统级软件开发、游戏开发、单片机和嵌入式系统开发
Java	Java 是一种通用型的面向对象的程序设计语言，具有分布式、安全性、平台独立与可移植性等特点，增加了垃圾回收等大大提升生产率的特性。可用于网站后台开发、Android 开发、PC 软件开发，以及大数据领域
C#	C# 是微软开发的用来对抗 Java 的一种通用的、面向对象的程序设计语言，其实现机制和 Java 类似，运行于 .NET Framework 之上，主要用于 Windows 平台的软件开发
Python	Python 是面向对象的解释型程序设计语言，由荷兰人 Guido van Rossum 于 1989 年发明，第一个公开发行版发行于 1991 年。Python 具有丰富和强大的库，主要用于系统运维、网站后台开发、数据分析、人工智能、云计算等领域，近年来势头强劲，增长非常快
PHP	PHP 是主要应用于 Web 开发领域的通用开源脚本语言。PHP 具有入门快速、语法简单、内置函数多且支持各种环境运行等优点
JavaScript	JavaScript 最初只能用于网站前端开发，而且是前端开发的唯一语言，没有可替代性。由于 Node.js 的流行，JavaScript 在网站后台开发中也占有了一席之地，并且在迅速增长
Go	Go 语言是 2009 年由 Google 公司发布的一款编程语言，成长非常迅速，在国内外已经有大量的应用。Go 语言主要用于服务器端的编程，对 C/C++、Java 都形成了不小的挑战
Objective-C Swift	Objective-C 和 Swift 都只能用于苹果产品的开发，包括 Mac、iPhone、iPad、Apple Watch 等
汇编语言	汇编语言是一种用于电子计算机、微处理器、微控制器或其他可编程器件的低级语言，亦称为符号语言。它的执行效率非常高，但是开发效率非常低，只有在对效率和实时性要求极高的关键模块中才会考虑使用汇编语言，如操作系统内核、驱动、仪器仪表、工业控制等领域

1.1.5 学习程序设计从 C 语言开始

由于 C 语言是最先得到广泛应用的通用程序设计语言，后续的许多程序设计语言如 Java、PHP、C#、Python、Swift 在设计上都深受 C 语言的影响。这些语言从 C 语言中提取了许多控制结构和其他基本特征，通常与 C 语言的整体语法具有相似性，有时还会包含完全相同的简单控制结构。

图 1-3 是第 4 章循环结构"水仙花数"问题的 C 语言和 Java 语言程序的对比，灰色部分是可以用工具自动生成的，除此之外，两者的差异仅仅体现在 Java 程序的输出语句多了"System.out."。

```c
#include <stdio.h>
int main(int argc, char *argv[])
{
    int i, a, b, c;
    for (i=100; i<=999; i++) {
        a = i/100;
        b = i/10%10;
        c = i%10;
        if (i==a*a*a+b*b*b+c*c*c)
            printf("%d\n", i);
    }
    return 0;
}                           C 语言
```

```java
class Main
{
    public static void main(String[] args) {
        int i, a, b, c;
        for (i=100; i<=999; i++) {
            a = i/100;
            b = i/10%10;
            c = i%10;
            if (i==a*a*a+b*b*b+c*c*c)
                System.out.printf("%d\n", i);
        }
    }
}                           Java
```

图 1-3 "水仙花数"问题的 C 语言和 Java 语言程序

通用的计算机程序设计有两大部分：结构化程序设计（也称为面向过程的程序设计）和面向对象的程序设计。结构化程序设计是面向对象程序设计的基础，而 C 语言是结构化程序设计的代表性语言。C 语言对后续编程语言的影响力是巨大的，很多编程语言在结构化方面直接采用了 C 语言的设计。所以说，掌握好 C 语言，就相当于掌握了结构化程序设计。

如果采用比较学习法，对其他编程语言的结构化程序设计部分的理解就会非常容易了。例如，如果想继续学习 Java 语言，可以先用 Java 语言编写程序来解决本书中的问题，在此基础上，再去学习 Java 语言的面向对象的特性。

1.2　C 语言的发展和特点

1.2.1　C 语言的发展

C 语言最早是由丹尼斯·里奇（Dennis Ritchie，见图 1-4）为在 PDP-11 计算机上运行的 UNIX 系统所设计出来的，其第一次发展在 1969 ～ 1973 年之间。

C 语言源于 BCPL 语言，后者由马丁·理查兹（Martin Richards）于 1967 年左右设计实现。BCPL 语言是一门"无类型"的编程语言，它仅能操作一种数据类型。1970 年，肯·汤普逊为运行在 PDP-7 上的首个 UNIX 系统设计了一个精简版的 BCPL，这个语言被称为 B 语言，它也是不区分类型的。

图 1-4　丹尼斯·里奇

UNIX 最早运行在 PDP-7 上，是以汇编语言写成。在 PDP-11 出现后，丹尼斯·里奇与肯·汤普逊着手将 UNIX 移植到 PDP-11 上。B 语言无法处理这些不同规格大小的对象，也没有提供单独的操作符去操作它们。C 语言最初尝试通过向 B 语言中增加数据类型的想法来处理那些不同类型的数据。和大多数语言一样，在 C 语言中，每个对象都有一个类型以及一个值，类型决定了值的操作的含义，以及对象占用的存储空间大小。

1973 年，UNIX 操作系统的核心正式用 C 语言改写，这是 C 语言第一次应用在操作系统的核心编写上。1975 年，C 语言开始移植到其他机器上使用。斯蒂芬·约翰逊（Stephen C. Johnson）发明了一套"可移植编译器"，这套编译器修改起来相对容易，并且可以为不同的机器生成代码。从那时起，C 语言在大多数计算机上被使用，从最小的微型计算机到 CRAY-2 超级计算机，都可以使用 C 语言。

丹尼斯·里奇将 UNIX 的设计原则定为"保持简单和直接"（keep it simple and stupid），也就是后来著名的"KISS 原则"。为了做到这一点，UNIX 由许多小程序组成，每个小程序只能完成一个功能，任何复杂的操作都必须分解成一些基本步骤，由这些小程序逐一完成，再组合起来得到最终结果。C 语言也贯彻了"保持简单"的原则，语法非常简洁，对使用者的限制很少。

UNIX 因为其安全可靠、高效强大的特点在服务器领域得到了广泛的应用。直到 Linux 开始流行前，UNIX 是科学计算、大型机、超级计算机等所用操作系统的主流。现在其仍然被应用于一些对稳定性要求极高的数据中心上。

以 1978 年发表的 UNIX 第 7 版中的 C 编译器为基础，Brian W. Kernighan 和 Dennis M. Ritchie（合称 K&R）合著了影响深远的名著 *The C Programming Language*，这本书中介绍的 C 语言成为后来广泛使用的 C 语言版本的基础。1983 年，美国国家标准化协会（ANSI）制定了新的标准，称为 ANSI C，ANSI C 后来又有了很大的发展。K&R 在 1988 年修订了他们的经典著作，即 *The C Programming Language, Second Edition*，按照 ANSI C 的标准重新写了该书，这本书的中文名字为《C 程序设计语言（第 2 版·新版）》。1989 年，ANSI 又公布了新的 C 语言标准——C89，也称为 ANSI C 或标准 C，目前流行的 C 编译器都是以它为基础的。

克尼汉和里奇的《C 程序设计语言》被认为是科技写作的典范，讲述深入浅出，配合典型例证，通俗易懂，实用性强，封面如图 1-5 所示。这本书的中文版只有 100 多页（不包括附录），薄得令人难以置信，但很多人都被它的简洁性所吸引，学习并使用 C 语言。直到今天，C 语言依然是世界上最重要的编程语言之一，"保持简单"原则显示了它强大的生命力，C 语言的设计者更倾向于简单和优雅。此外，从一开始，C 语言就是为系统级编程而设计的，程序的运行效率至关重要。

图 1-5　C 程序设计语言

1.2.2　C 语言的特点

C 语言诞生于 20 世纪 70 年代初，至今仍然展现出了强劲的生命力，C 语言和 Java 语言数十年来长期排在 TIOBE 编程语言排行榜的前两位，这和 C 语言的特点是分不开的。

（1）影响深远

由于 C 语言是首先得到最广泛应用的通用程序设计语言，后续的许多程序设计语言如 Java、PHP、C#、Python、Swift 在设计上都深受 C 语言的影响。因此，掌握好 C 语言，通过罗塞塔石碑学习法（4.2 节有详细介绍），几乎不用花太多时间就能掌握其他程序设计语言中的结构化程序设计部分的内容。

（2）应用广泛

C 语言除了开发系统级应用（操作系统、编译器、数据库等）外，还可以用来开发桌面软件、硬件驱动、单片机等，从微波炉到手机，都有 C 语言的影子。

（3）语言简洁，使用灵活

C 语言的设计者更倾向于简单和优雅，C 语言是现有程序设计语言中规模最小的语言之一。C语言的关键字很少，ANSI C标准只有32个关键字，9种控制语句，压缩了一切不必要的成分。C语言的书写形式比较自由，表达方法简洁，使用一些简单的方法就可以构造出相当复杂的数据类型和程序结构。

（4）程序执行效率高

C语言程序一般只比汇编程序生成的目标代码的执行效率低10%～20%，比其他高级语言的执行效率高很多。

（5）能直接操作计算机硬件

C语言比较接近计算机底层，可以进行各种位操作，能够直接操作硬件，学习C语言对于理解计算机有很大的帮助。C语言还支持和汇编语言进行混合编程，可以充分利用各自的特长。

（6）可移植性好

可移植性指程序从某一环境转移到另一环境下的难易程度。C语言是为开发UNIX而生，在设计之初就充分考虑了可移植性问题。C语言是通过编译来得到可执行代码的，统计资料表明，不同机器上的C语言编译程序超过80%的代码是通用的。

（7）C语言的开发环境易于安装

C语言的编译器在Linux、UNIX、macOS等系统上是标准配置，并不需要另外安装，在Windows系统上存在多种集成开发环境。本书采用的C语言开发环境C-Free 5.0大小仅10MB多一些，采用Windows标准安装模式，新手也能顺利完成安装。相比之下，其他主流编程语言的安装环境则要复杂很多。常用的Java开发环境需要安装JDK包和Eclipse，两者的大小合计超过200MB。PHP语言环境包括Web服务器、数据库服务器、编辑器等环境。

1.3　C语言程序的初步探索

1.3.1　第1个程序：Hello，World!

学习一门新程序设计语言的唯一途径就是使用它编写程序。对于所有语言的初学者来说，编写的第一个程序几乎都是相同的，即"Hello，World！"程序。

"Hello，World！"程序是无数程序员的第一个C语言程序。"Hello，World！"程序指的是在计算机屏幕上输出"Hello，World！"（意为"世界，你好！"）这行字符串的计算机程序。一般来说，这是每一种计算机编程语言中最基本、最简单的程序，也通常是初学者所编写的第一个程序。它可以用来确定该语言的编译器、程序开发环境，以及运行环境是否已经安装妥当。

这个程序的完整代码如下：

```
1   #include <stdio.h>
2
3   int main(int argc, char *argv[ ])
4   {
5       printf("Hello, World!\n");
6       return 0;
7   }
```

为了方便读者理解，可以在程序中添加上注释，如图 1-6 所示。

C 语言有两种注释方式：多行注释 /* */ 和单行注释 // 。注释可以用来帮助程序员更好地理解程序，在编译运行时这些内容是不起作用的。第一种注释以"/ *"开始，以"* /"结束，可以跨越多行，通常用于大段说明；第二种注释的作用范围到行尾为止，用于对本行语句的说明。注释还有一个作用就是辅助程序调试，在调试程序时，可通过注释临时去掉部分代码来定位程序的问题所在。

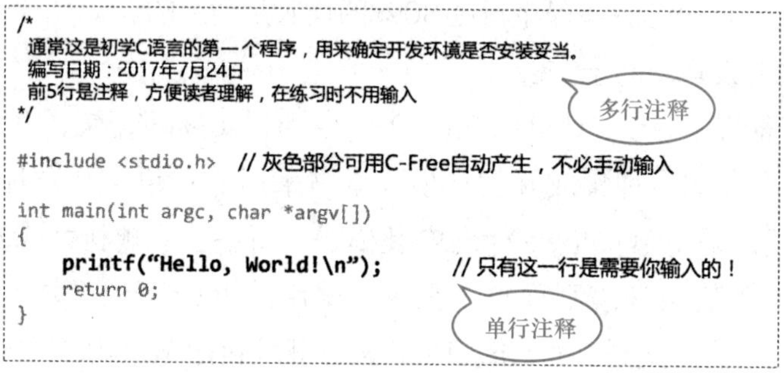

图 1-6　带有注释的"Hello, World！"程序

在规模较大的程序开发中，源程序有效注释量通常会在 20% 以上。

1.3.2　C/C++ 集成开发环境 C-Free 的安装

C 语言的开发工具非常多，常用的有 Visual C++ 6.0、Dev C++、Code Blocks 等。为何推荐使用 C-Free 这个相对不常用的开发工具？答案很简单：适合初学者。

对于初学者来说，C-Free 有 5 大特色功能，如图 1-7 所示。

图 1-7　集成环境 C-Free 的 5 大特色功能

从高手的角度来看，这些功能或许不值一提。但对于初学者来说，还是非常贴心的。也许大家以后并不会使用 C-Free，但对于初学者来说，它无疑是很好的台阶，可以让人轻松过渡到更高级的工具。

本书基于 C-Free 5.0 编写。该软件大小仅 14MB，可以从其官方网站下载。

C-Free 软件采用 Windows 标准化安装方式，不要更改其默认的安装路径，并且在安装中需去除最后 "C-Free 5" 中的空格（C:\Program Files (X86)\C-Free 5）否则可能会出现无法编译运行的情况。

安装完毕后，由于默认字体太小，可从顶部菜单中，选择【工具】→【编辑器选项】，来修改字体的大小，如图 1-8 所示。

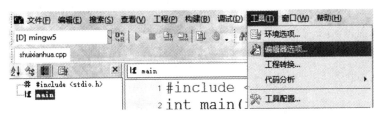

图 1-8　在 C-Free 中修改默认字体的大小

C-Free 编辑器属性设置界面如图 1-9 所示。

图 1-9　C-Free 编辑器属性设置界面

运行 "Hello，World！" 程序可以概括为 5 个步骤：

1）创建新文件，从顶部菜单中，选择【文件】→【新建】选项，或者按 <Ctrl+N> 快捷键。

2）在新建的窗口中，单击鼠标右键，选择【插入代码模板】→【c template】选项。

3）参考 "Hello，World！" 程序的源代码，在适当位置输入 printf 语句。

4）从顶部菜单中，选择【构建】→【运行】选项，或者按 <F5> 快捷键，一键完成编译、链接、运行等多个动作。

5）保存文件，从顶部菜单中，选择【文件】→【保存】选项，或者按 <Ctrl+S> 快捷键。

建议创建一个专用的目录来保存 C 语言程序，如将文件保存为 D:\code\1-1.c，注意不要包含中文字符、空格等符号，仅包含英文字符、数字和下划线或横线。这能避免很多不必要的麻烦，在学习其他程序设计语言时也是这样。

完成 "Hello，World！" 程序的运行可以说是学习 C 语言的一个小小的里程碑，表明工作环境已经准备好了，学习者也掌握了工具的初步使用方法。

接着完成一个小小的挑战：10s 内编写完这个程序。这时可以使用快捷键来提高速度。在 C-Free 的菜单中可以看到每个命令所对应的快捷键。

C-Free 常用的快捷键如图 1-10 所示。

1）创建新文件：Ctrl+N。

2）保存文件：Ctrl+S。

3）插入代码模板：Ctrl+J。

4）编译并运行程序：F5。

在日常操作中，还有几个常用的通用快捷键：

1）全选：Ctrl+A。

2）复制：Ctrl+C。

3）粘贴：Ctrl+V。

4）剪切：Ctrl+X。

5）撤销：Ctrl+Z。

图 1-10 C-Free 常用的快捷键

1.3.3　先见森林，后见树木：马踏棋盘

学习者要先对事物有一个整体结构上的认识，才能去认识事物的各个部分，并找到部分与部分之间的关系，最后形成对事物的完整认识。也就是说，学习者的学习和认知是"先见森林，再见树木"，而非"先见树木，后见森林"。本节通过"马踏棋盘"这个程序展示了 C 语言程序的概貌，帮助读者了解 C 语言的大致组成。

"马踏棋盘"是指在中国象棋的棋盘上，用马的走法走遍整个棋盘，在 8×8 的方格中，每个格都要遍历，且只能遍历一次。下面的代码展示的是马从棋盘的左上角出发，走遍全部64 个格子。

```
1   #include <stdio.h>
2   #define N 8                  // 设置棋盘大小为 8×8
3
4   int solve(int x, int y, int step, int sol[ ][N])
5   {
6       int dx[8] = { 2, 1, -1, -2, -2, -1, 1, 2 };
7       int dy[8] = { 1, 2, 2, 1, -1, -2, -2, -1 };
8       int k, nx, ny;
9       if (step == N*N) return true;
10      /* 尝试当前位置的所有移动，共有 8 种方式 */
11      for (k = 0; k < 8; k++) {
12          nx = x + dx[k]; ny = y + dy[k];
13          if (( nx >= 0 && nx < N && ny >= 0 &&
14              ny < N && sol[nx][ny] == -1)) {
15              sol[nx][ny] = step;
16              if (solve(nx, ny, step+1, sol))
17                  return true;
18              sol[nx][ny] = -1; // 回溯
19          }
20      }
21      return 0;
22  }
```

```
23
24  void printSolution(int sol[ ][N])
25  {
26      for (int x = 0; x < N; x++) {
27          for (int y = 0; y < N; y++)
28              printf("%2d", sol[x][y]);
29          printf("\n");
30      }
31  }
32
33  int main(void)
34  {
35      int sol[N][N];                    // 解决方案 solution
36      for (int x = 0; x < N; x++)
37          for (int y = 0; y < N; y++)
38              sol[x][y] = -1;           // 初始化
39      sol[0][0] = 0;                    // 起始位置
40      if (solve(0, 0, 1, sol))
41          printSolution(sol);
42      else
43          printf("Solution does not exist");
44      return 0;
45  }
```

程序的输出结果为：

0	59	38	33	30	17	8	63
37	34	31	60	9	62	29	16
58	1	36	39	32	27	18	7
35	48	41	26	61	10	15	28
42	57	2	49	40	23	6	19
47	50	45	54	25	20	11	14
56	43	52	3	22	13	24	5
51	46	55	44	53	4	21	12

如果想让马从棋盘的右上角出发，则可以修改代码如下：

```
sol[0][7] = 0;                    // 起始位置
if (solve(0, 7, 1, sol))
```

程序的输出结果为：

59	44	25	38	61	8	23	0
26	37	60	43	24	1	62	9
45	58	41	20	39	10	7	22
36	27	46	57	42	21	2	63
47	56	35	40	19	4	11	6
34	53	28	49	30	13	16	3
55	48	51	32	15	18	5	12
52	33	54	29	50	31	14	17

这个程序涉及的知识点包括了输出（第 2 章）、分支结构（第 3 章）、循环结构（第 4 章）、一维数组和二维数组（第 6 章）、函数（第 7 章）等知识，以及回溯算法（第 5 章）。

动动手：从多个角度来尝试，例如：①如何从左下角或者右下角出发？②调整棋盘大小为 6（修改第 2 行），是否有解？③如果调整棋盘大小为 10，能获得输出吗？

1.4 算术表达式的计算

在完成了第一个 C 语言程序后，就可以展开探索。既然计算机最初的用途是计算，下面就来看看如何使用 C 语言来进行简单的算术运算，先从简单的开始。

例　计算下面的整数表达式的值。

3 + 4

3 − 4

3 × 4

8 ÷ 4

9 ÷ 4

首先试一试下面这样的表达式行不行。

```
1   #include <stdio.h>
2   int main(int argc, char *argv[ ])
3   {
4       printf("3+4\n");
5       printf("3-4\n");
6       return 0;
7   }
```

一运行，结果不是想要的 7 和 −1，而是原样输出 "3+4" 和 "3-4"。

正确的程序应该写成如下的形式：

```
1    #include <stdio.h>
2    int main(int argc, char *argv[ ])
3    {
4        printf("%d\n", 3+4);
5        printf("%d\n", 3-4);
6        printf("%d\n", 3*4);
7        printf("%d\n", 8/4);
8        printf("%d\n", 9/4);
9        return 0;
10   }
```

需要注意的是，数学表达式和 C 语言表达式存在一定的差异，例如，乘号在 C 语言中用星号（*）来表示，除号用反斜线（/）来表示，数学表达式 5x+3 的 C 语言表达式是 "5*x+3"，这里的星号不能省略。

双引号中的 %d 称为占位符，并不是真正要输出 %d，而是表示在这个位置要输出一个十进制整数（d 是十进制 decimalism 的缩写）。在例 1-1 中，这个十进制数既可以写成 7，也可以写成算术表达式 3+4，程序会把算术表达式的结果计算出来后，在占位符的位置输出。占位符的使用如图 1-11 所示。

> % 表示占位符，具体内容由逗号后面的表达式决定

```
printf("3+4=%d\n", 3+4);
```

图 1-11　占位符的使用

在例 1-1 的 5 个表达式中，前面 4 个很好理解，第 5 个 "9/4" 是 C 语言中的整数除法，两个整数相除，结果必然是整数，而且规则也不是四舍五入。

C 语言中的整数除法和取余运算可以和打羽毛球的例子联系起来。

打羽毛球：9 个人在一起，有点无聊，就想打羽毛球。羽毛球双打是 4 个人一块场地，那么需要几块场地，还剩下几个人只能旁观？

答案是：2 块场地，1 个人旁观。如果是 11 个人，则答案是 2 块场地，3 个人旁观。

写成 C 语言，代码如下：

```
1   #include <stdio.h>
2   int main(int argc, char *argv[ ])
3   {
4       printf("9 个人可凑成 %d 块场地，还剩下 %d 个人旁观。\n", 9/4, 9%4);
5       // 引号内可以是中文
6       printf("%d %d\n", 9/4, 9%4); // 只输出关键内容
7       return 0;
8   }
```

1.5　如何学好程序设计：模仿、理解和运用

如何学好程序设计？ Brian W. Kernighan & Dennis M. Ritchie 在 C 语言经典之作《C 程序设计语言（第 2 版·新版）》第 1 页是这样说的："学习一门新程序设计语言的唯一途径就是使用它编写程序。"

究竟怎么样来编写程序？根据编者多年的教学和实践经验，模仿、理解和运用是编写程序的 3 个重要步骤。

1）模仿：在学习过程中，经常会遇到不明白的内容，但这丝毫不影响初学者编写简单的程序。这看似鼓励 "不求甚解"，但实为考虑到学习规律而做出的决策：初学者学习和理解能力不够，自信心也不够，不适合在动手之前被灌输大量的理论。正确的学习方法是 "抓住主要矛盾" —— 始终把学习、实验的焦点集中在最有趣的部分。如果直观的解决方案行

得通，就不必追究其背后的原理。

2）理解：围绕实例，积累必要的感性认识之后，理解概念和原理会更快、更有效，因为"好的例子会说话！"。

3）运用：透彻掌握原理后，再开发新程序去解决新的问题，对知识和原理的理解会更为深入，运用是更高层次的模仿。

 习　题

1. 说明机器语言、汇编语言和高级语言各自的特点。

2. 简要概括 C 语言的特点。

3. 安装 C-Free 5.0，并编写"Hello，World！"程序。建议：尝试使用快捷键。

4. 运用整数除法和取余运算，编写 C 语言程序，计算 1234 秒相当于几分几秒，如 132 秒相当于 2 分 12 秒。

5. 归纳编写 C 语言程序时要注意的事项。

第2章
数据类型、运算和输入输出

Chapter 02

2.1 标识符和关键字

标识符是由字母和数字构成的序列，第一个字符必须是英文字母，下划线（_）也被看成是字母，大写字母和小写字母是不同的。标识符可以为任意长度，对于内部标识符来说，至少前 31 个字母是有效的，在某些实例中，有效的字符数可能更多。

表 2-1 中的标识符被保留作为关键字，且不能用于其他用途。

表 2-1　C 语言的 32 个关键字

auto	double	int	struct
break	else	long	switch
case	enum	register	typedef
char	extern	return	union
const	float	short	unsigned
continue	for	signed	void
default	goto	sizeof	volatile
do	if	static	while

2.2 常量和变量

2.2.1 普通常量和符号常量

在程序执行过程中，其值不发生改变的量称为常量，其值可变的量称为变量。

常量又分为直接常量（又称为字面常量、普通常量）和符号常量。常量的特点是其值在其作用域内不会发生改变，被当作一个立即数来使用。一旦声明了一个常量，那么常量所在的内存空间就被加上了只读的属性。

（1）直接常量

直接常量有3类：数值常量、字符型常量和字符串常量，见表2-2。

表2-2　直接常量

整数类型常量（十进制）	-3, 20, 10000
整数类型常量（八进制，以0开头）	0210, 0330
整数类型常量（十六进制，以0x或0X开头）	0x2040B3FF, 0X60
实数类型常量	-0.7, 1.0, 1.24E-4
字符型常量	'0', 'A', 'a', ' ', '\n', '\x28'
字符串常量	"Hello, World!"

（2）符号常量

在C语言中，可以用一个标识符来表示一个常量，称之为符号常量。符号常量用宏定义 #define 命令来实现，通常采用全部大写的形式，例如：

#define PI 3.142

其含义是定义了符号常量 PI 来代表 π，在程序中就不需要使用具体的数字 3.142 了，这样做至少有两个优点：①提高了程序的可读性；②如果需要修改，则只需要在一处修改即可。

2.2.2　变量的定义和初始化

变量是指在程序执行过程中，其值可以改变的量。变量在内存中占据一定的存储单元，用于存放变量的值。变量必须先定义后使用，变量的值可以通过赋值的方法获得和改变。图2-1所示为变量定义的实例。

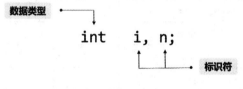

图2-1　定义变量

定义变量有两个主要作用：

1）变量标明数据在内存中的地址，在对程序进行编译、链接时，由系统为每个变量分配内存空间。在程序中，对变量的存取实际上是通过变量名找到相应的内存地址，然后从其存储单元中读取数据。

2）声明类型的目的是告诉系统变量需要占用的存储单元数目和存储的区域，以便系统为变量分配存储单元。因为不同类型的数据在内存中所占用的存储单元是不同的。例如，一个字符型(char)数据占用1B，而双精度浮点型（double）数据则占用8B。

定义变量的同时进行赋值叫作初始化。如果没有初始化变量而且在使用前也没有为其赋值，那么C语言程序运行的结果可能是非常奇怪而且难以调试的。变量命名时应尽量采用有意义的英文单词。图2-2所示为定义变量并初始化的实例。

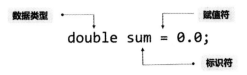

图 2-2　定义变量并初始化

2.2.3　赋值类运算符

"="符号在数学中有两层含义：①表示赋值，把右侧的表达式的值赋值给左侧的变量；②表示判断，判断左右两侧是否相等。在 C 语言中，使用了两个不同的运算符来表示这两层含义："="表示赋值，"=="表示判断是否相等（关系运算的一种）。

如图 2-3 所示，赋值运算会改变变量 n 的值，判断是否相等的运算并不会改变变量 n 的值。另外，"=="的两侧可以互换。

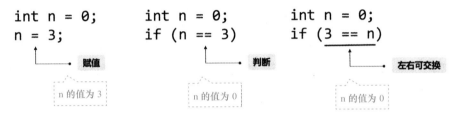

图 2-3　赋值运算和判断的比较

除了"="这个基本的赋值运算符之外，C 语言还提供了一系列复合赋值运算符来简化表达。"复合赋值"的含义是在原有变量的基础上进行累计计算。

例如，在计算 1+2+3 时，由于计算机一次加法运算只能有两个变量，求多个数的和的过程就是不断累计计算的过程。最初的变量 sum 初始化为零，相当于空盒子，然后 1、2、3 这 3 个数依次累加到变量 sum，累加到 sum 的运算符使用了"+="。经过 3 次累加运算后，最后 sum 的值为 6，如图 2-4 所示。

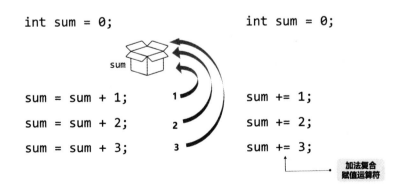

图 2-4　加法复合赋值运算表示累加

算术类的复合赋值运算符还有"-=""*=""/=""%="等，使用方法类似于加法复合赋值运算符。

2.2.4　构建知识之间的联系：2W1H 模型

2W1H 模型（What-How-Why），可解释为"是什么—怎么做—为什么"。应用这一简单的模型，可以从描述中突破纯粹的事实层面，把点点滴滴连接成线，从而在混乱中找到秩序。这个模型的应用非常广泛。以任务"理解符号常量"为例，可以具体化为"什么是符号常量、如何定义符号常量、为什么要使用符号常量"这 3 个具体的问题，绘制出思维导图，如图 2-5 所示。

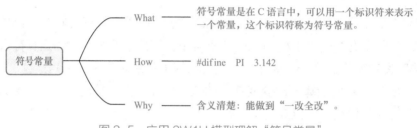

图 2-5　应用 2W1H 模型理解"符号常量"

What 型问题的回答通常是抽象的概念，往往对应事实类信息；How 型问题的回答不一定有标准答案，往往对应方法论型的知识点。在程序设计课程中，How 型问题往往对应具体的代码实现；Why 型问题的回答通常是比较深刻的、本质的和没有标准答案的，需要在知识树上深入挖掘其内涵和外延。

2.3　常用的基本数据类型及其特点

C 语言提供了丰富的数据类型，可以分为基本类型、构造类型、指针类型和空类型 4 大类，如图 2-6 所示，其中带有英文说明的是最常用的数据类型。目前为止用到的数据类型都是基本类型。构造类型包括数组类型、结构体类型、共用体类型和枚举型，在后面章节会有详细介绍。空类型很简单，在第 7 章内有具体说明。

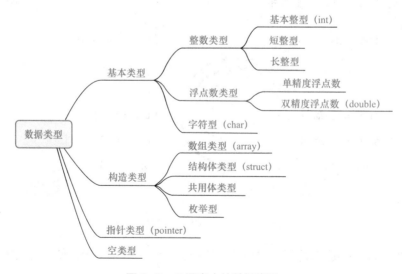

图 2-6　C 语言中的数据类型

2.3.1 常用的数据类型

C 语言数据类型中常用的基本类型见表 2-3。

表 2-3 常用的基本类型

数 据 类 型	类 型 名	字 节 数	数据取值范围	格式说明符
字符型	char	1	$-128 \sim 127$ 或 $0 \sim 255$	%c
基本整型	int	2	$-32768 \sim 32767$，即 $-2^{15} \sim 2^{15}-1$	%d
		4	$-2147483648 \sim 2147483647$	
单精度浮点数	float	4	$-3.4 \times 10^{-38} \sim 3.4 \times 10^{38}$	%f
双精度浮点数	double	8	$-1.7 \times 10^{-308} \sim 1.7 \times 10^{308}$	输入 %lf　输出 %f
长整型	long	4	$-2147483648 \sim 2147483647$	%ld
		8	$-9223372036854775808 \sim 9223372036854775807$	

说明： C 语言建议 double 类型的变量输出时使用 %f，也允许使用 %lf；Java 语言则强制使用 %f。

C 语言标准并没有具体规定各种数据类型所占用的存储单元的长度，而是由编译器自行决定。在 16 位编译器 Turbo C 2.0 中，int 占用 2 个字节，在 C-Free 5.0 所使用的编译器和 Visual C++ 6.0 中，int 占用 4 个字节。在开发有可能运行在多个操作系统上的可移植程序时，要注意这个区别。有关这些类型长度定义的范围，可在标准头文件 <limits.h> 和 <float.h> 中找到。

在实际应用中，有的数据的范围常常只有正值，如序号、年龄、成绩等。为了充分利用变量的值的范围，可以把变量定义为"无符号"类型，如 unsigned int，这样可表达的正整数范围相对于 int 扩大了一倍。

C 语言还引入了 short 和 long 两个限定符来满足实际需要的不同长度的整型数，如表 2-3 中的长整型 long 实际上是 long int 的简写。在浮点数类型上，还有精度更高的 long double 类型。

尽管 C 语言的基本数据类型及其组合种类繁多，但对于初学者来说，掌握 char、int 和 double 足以满足大多数程序的需要。

2.3.2 整数类型：精确表示限定范围内的整数

计算机信息处理的最小单位是位（bit），一个位可以表示关和开（0 和 1）两种状态。一位表示的信息非常有限，所以计算机处理信息的基本单位是 8 位二进制数。8 位二进制数被称为一个字节（Byte），常用 B 表示，如图 2-7 所示。

图 2-7　单个字节由 8 位组成

内存和磁盘都使用字节为单位来存储和读写数据。一个字节可以表示 256 个状态，究竟用来表示 $-128 \sim 127$ 还是 $0 \sim 255$，C 语言并没有规定，而是由编译器来决定。

```
1   #include <stdio.h>
2   #include <limits.h>
3
4   int main(int argc, char *argv[ ])
5   {
6       printf("char        : %d ~ %d\n", CHAR_MIN, CHAR_MAX);
7       printf("int         : %d ~ %d\n", INT_MIN, INT_MAX);
8       printf("long        : %ld ~ %ld\n", LONG_MIN, LONG_MAX);
9       printf("INT_MAX+1   : %d\n", INT_MAX+1);
10      printf("INT_MIN-1   : %d\n", INT_MIN-1);
11      return 0;
12  }
```

使用 32 位编译器编译后，程序的运行结果如下：

```
char        : -128 ~ 127
int         : -2147483648 ~ 2147483647
long        : -2147483648 ~ 2147483647
INT_MAX+1 : -2147483648
INT_MIN-1 : 2147483647
```

使用 64 位编译器编译后，程序的运行结果如下：

```
char        : -128 ~ 127
int         : -2147483648 ~ 2147483647
long        : -9223372036854775808 ~ 9223372036854775807
INT_MAX+1 : -2147483648
INT_MIN-1 : 2147483647
```

2.3.3 浮点类型：近似地表示数据

下面代码的功能是将 0.1 累加 1000 次，在计算机上运行的结果并不是 100，而是 99.999046。

```
1   #include <stdio.h>
2
3   int main(int argc, char *argv[ ])
4   {
5       float sum = 0;
6       int i, n = 1000;
7       for (i=1; i<=n; i++)
8           sum = sum + 0.1;
9       printf("%f\n", sum);
10      return 0;
11  }
```

如果采用精度更高的 double 类型，也就是把第 5 行的 float 改为 double（第 9 行的占位符无须修改），运行结果是 100.000000。但这并未从本质上解决问题。将占位符 "%f" 改为 "%.20f"，则输出结果是 99.99999999999859300000。

程序没有错误，运行也没有问题，为何会出现这样的结果呢？本质上的原因是计算机对实数的存储是有限制的，单精度浮点数采用 32 位，双精度浮点数采用 64 位，用有限的状态去表示无限的数据是不可能的，因此只能做近似处理。

在 C 语言中，不能直接比较两个浮点数是否相等，而是采用近似的方式。如果两个浮点数的差的绝对值小于一个很小的数，就认为这两个浮点数相等。

例如，要判断浮点数 sum 是否为 100，可以采用下面的方式。

```
if (fabs(sum-100)<1e-6)
    printf("sum = 100\n");
else
    printf("sum != 100\n");
```

语句 fabs(sum-100)<1e-6 表示 sum 和 100 之间的差值小于 0.000001，0.000001 用科学计数法表示就是 1e-6。

2.4 C 语言程序基本结构: DICO 和 A+B 问题

编写程序的优势是可以解决一般性问题，而不仅仅是计算指定表达式的值，这也是计算机和计算器的区别。

怎样计算任意两个整数的和呢？请看下面的例子。

例 2-1　计算两个整数的和。

问 题 说 明	输入两个整数，计算这两个整数的和
输 入 示 例	3 4
输 出 示 例	7

在之后的大部分例子中，都会给出相对规范的问题说明，包括输入示例和输出示例。解决这个问题的代码如下：

```
1   #include <stdio.h>
2   int main(int argc, char *argv[ ])
3   {
4       int a, b, c;
5       scanf("%d%d", &a, &b);
6       c = a + b;
7       printf("%d\n", c);
8       return 0;
9   }
```

上述代码虽然简单，但体现了典型 C 语言程序的组成，包含声明 (Declaration)、输入 (Input)、计算 (Compute)、输出 (Output) 这 4 个部分，简称为 DICO。代码的说明如图 2-8 所示。

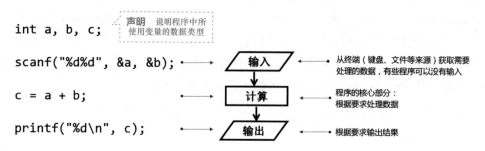

图 2-8　典型 C 语言程序的组成

代码的解释如下：

第 4 行：声明变量为整数类型。C 语言是强类型语言，程序中所用到的变量必须明确声明类型。

第 5 行：从键盘格式化扫描两个整数并保存到变量 a 和 b 中，scanf 是 scan 和 format 的简写。"格式化"的含义在本书后面会详细介绍。

第 6 行：求出 a+b 的和，然后赋值给变量 c。

第 7 行：按照整数的格式输出结果。

从初学者的视角来看，输入输出有些复杂，尤其是几种标点符号混合使用很容易出错，而计算则很简单。在今后的学习中，恰恰相反，输入输出语句的编写相对固定，而计算是学习的重点。

2.5　程序在线评测系统

程序在线评测系统的英文名为 Online Judge，简称 OJ，是基于 Web 的服务器端判题系统。用户注册后，可以根据题目在线提交多种程序（C、C++、Java、Pascal、Python 等）源代码，系统对源代码进行编译和执行，采用黑盒测试，通过预先设置的测试数据来检验源代码的正确性。

在线评测系统最先应用于 ACM-ICPC 国际大学生程序设计竞赛和信息学奥林匹克竞赛的自动判题和训练中，现已逐步应用于高校高级语言程序设计、数据结构与算法分析等课程的实践教学中，并取得了较好的效果。

有效的反馈机制是目标达成的必要环节。读者参与自我评价，可有效地改善学习进程。本书配套的 C/C++/JAVA/Python 程序在线评测系统（http://oj.csoeasy.com/）提供了100 多道适合初学者的练习题，以循序渐进的方式编排，俗称"百题大战"。评测系统能给读者提供快速反馈，有利于清晰地评估学习进度。本书附录还介绍了两个常用的评测系统：洛谷和力扣。

本书各章习题的题目中的编号，就是题目在评测系统中的编号，如 P1387 题是求三个整数的和。

2.6 基本算术运算：取整和取余

例 2-2 三位数反转。

问 题 说 明	输入一个三位数，分离出它的百位、十位、个位，反转后输出。输入的三位数的个位数不会是零
输 入 示 例	127
输 出 示 例	721

本例的重点是整数运算中的整数的除法和取余运算。

```
1   #include <stdio.h>
2   int main(int argc, char *argv[ ])
3   {
4       int n, a, b, c;
5       scanf("%d", &n);
6       a = n / 100;            // 获得百位数
7       b = n / 10 % 10;        // 获得十位数
8       c = n % 10;             // 获得个位数
9       printf("%d%d%d\n", c, b, a);
10      return 0;
11  }
```

这里变量 a、b、c 只用过一次，也可以省略，如下面的代码：

```
1   #include<stdio.h>
2   int main(int argc, char *argv[ ])
3   {
4       int n;
5       scanf("%d", &n);
6       printf("%d%d%d\n", n % 10, n / 10 % 10, n / 100);
7       return 0;
8   }
```

整数除法和取余运算经常同时出现，如下面的代码，n/100 和 n%100 分别表示四位数 n 的前两位和后两位。

```
1   #include <stdio.h>
2   int main(int argc, char *argv[ ])
3   {
4       int n = 1234;
5       printf("%d %d\n", n/100, n%100);    // 12 34
6       return 0;
7   }
```

2.7 格式化输入：三位数反转

例 2-2 其实还有更为简洁的解决办法，见下面的程序：

```
1  #include <stdio.h>
2  int main(int argc, char *argv[ ])
3  {
4      int a, b, c;
5      scanf("%1d%1d%1d", &a, &b, &c);
6      printf("%d%d%d\n", c, b, a);
7      return 0;
8  }
```

scanf 语句中的 "%1d" 中的数字 1，表示读入一位整数，上面的语句表示从键盘输入依次读入 3 个一位数，分别保存到变量 a、b、c 中，如果输入是 "123"，则输出为 "321"。如果输入是 "12345"，则输出还是 "321"，上面的程序读入 3 个一位数后，就继续执行 printf 语句来输出结果。

2.8　浮点数：计算圆的周长和面积

例 2-3　根据圆的半径求圆的周长和面积。

问题说明	根据圆的半径求圆的周长和面积，PI 值保留 3 位小数，为 3.142。输入是半径，是一个浮点数；输出是周长和面积，结果保留两位小数，分两行输出，第一行是圆的周长，第二行是圆的面积
输入示例	1.0
输出示例	6.28 3.14

之前一直使用的是 C 语言的整数类型，现在要使用 C 语言中的另外一种类型——实数类型，也称为浮点数类型。在 C 语言中，有两种浮点数类型：float 和 double。前者称为单精度浮点数类型，后者称为双精度浮点数类型，也称为长浮点数类型。这两种浮点数类型的差别好比是照片的精度，例如，500 万像素和 1000 万像素相比，后者的清晰度高，但照片处理速度较慢，占用空间也大，这两类浮点数也是这样的关系。

现在通常采用双精度浮点数类型，C 语言的数学库函数采用的也是 double 类型。但也有例外，如在使用数组存储大量浮点数但对精度要求不高时，可以考虑采用单精度浮点数（float）。

使用 double 类型时，有 3 个地方需要同时改变，数据类型声明为 double，输入占位符是 %lf（lf 是长浮点型 long float 的简写），输出占位符是 %.2f 或 %.2lf，表示输出的值保留两位小数。

```
1  #include <stdio.h>
2
3  int main(int argc, char *argv[ ])
4  {
5      double r, c, a;
6      scanf("%lf", &r);
7      c = 2 * 3.142 * r;
```

```
8        a = 3.142 * r * r;
9        printf("%.2f\n%.2f\n", c, a );
10       return 0;
11   }
```

说明： C/C++ 语言建议使用 "%.2f"，也能接受 "%.2lf"。Java 语言只能使用 "%.2f"。

上面的代码可以改进，如下：

```
1    #include <stdio.h>
2    #define PI 3.142
3    int main(int argc, char *argv[ ])
4    {
5        double r, c, a;
6        scanf("%lf", &r);
7        c = 2 * PI * r;
8        a = PI * r * r;
9        printf("%.2f\n%.2f\n", c, a );
10       return 0;
11   }
```

在程序中使用 300、20 等类似的 "幻数" 并不是一个好习惯，它们几乎无法向以后阅读该程序的人提供什么信息，而且会使程序的修改变得更加困难。处理这种 "幻数" 的一种方法是赋予它们有意义的名字，#define 指令可以把符号名（或称为符号常量）定义为一个特定的字符串。符号常量通常用大写字母拼写，这样可以很容易与用小写字母拼写的变量名相区别。

C 语言编译器（更准确地说是预处理器）在处理上面的代码时，检测到 "define PI 3.142"，会做简单的替换，把 PI 简单地替换为 3.142，然后再进行后续处理。使用符号常量纯粹是为了方便阅读和修改代码。

C 语言建议使用只读变量来替换符号常量，如下面的代码所示，PI 是变量，但添加了 const 常量修饰符后，在后续的程序中就不能再改变其值。

```
const double PI = 3.142;
```

符号常量很早就在 C 语言中出现了，而只读常量的概念相对出现较晚，在当前的代码中，符号常量还是被大量使用。

在逐步熟悉 C 语言后，建议使用更有意义的变量名，如下所示：

```
1    #include <stdio.h>
2    int main(int argc, char *argv[ ])
3    {
4        double radius, circumference, area;
5        const double PI = 3.142;
6        scanf("%lf", &radius);
7        circumference = 2 * PI * radius;
8        area = PI * radius * radius;
9        printf("%.2f\n", circumference);
10       printf("%.2f\n", area);
11       return 0;
12   }
```

在这段代码中，原来的变量 r、c、a 采用了更加直观的英文名字，不用写注释就知道变量表达的意义，提高了代码的可读性。

建议：学习是一个循序渐进的过程，在初期写的 C 语言程序通常较短，易于理解，不一定需要采用有意义的变量名，这样在一定程度上也能避免错误。像本例中，圆的周长的英文单词较长，也不容易拼写，一旦拼错，就会出现编译错误，带来不必要的麻烦。建议在使用简单变量调试成功后，逐个替换成有意义的变量名。

2.9 字符类型

除了数字，在 C 语言中还有一个重要的类型就是字符，也就是 char 类型，字符本质上是缩减版的 int。请看下面的例子：

```
1   #include <stdio.h>
2
3   int main(int argc, char *argv[ ])
4   {
5       char c = 'A';
6       printf("%c\n", c);       // 输出字符 A
7       printf("%d\n", c);       // 输出十进制整数  65
8       printf("%o\n", c);       // 输出八进制整数  101
9       printf("%x\n", c);       // 输出十六进制整数  41
10      printf("%c\n", c + 1);   // 输出字符 B
11      putchar(c);              // 输出字符 A
12      putchar('\n');           // 输出换行
13      printf("%d %d\n", sizeof(char), sizeof(int));
14      // 输出字符类型和整型占用的空间，和编译器相关
15      return 0;
16  }
```

执行完变量声明代码后，变量 c 所存储的是二进制数字"01100101"，具体的输出内容取决于占位符，%c 表示输出字符，%d 表示十进制整数，%o（字符 o，八进制 octal 的首字母，不是数字零）表示八进制，%x 表示十六进制（Hexadecimal）。

将第 5 行的声明代码改为 int c = 'A'，运行结果是一样的，差别在于 char 类型占用 1 个字节，int 类型占用多个字节。

每种数据类型占用的空间由编译器决定，32 位编译器下，int 类型占用 4 个字节，64 位编译器 int 类型占用 8 个字节。

对于一个新的类型，需要掌握它的定义、输入和输出。下面的代码展示了两种常见的字符输入输出的写法。

```
1   #include <stdio.h>
2
3   int main(int argc, char *argv[ ])
4   {
```

```
5      char c1, c2;
6      c1 = getchar();        // 读入方法 1
7      scanf("%c", &c2);      // 读入方法 2
8      putchar(c1);           // 输出方法 1
9      printf("%c\n", c2);    // 输出方法 2
10     return 0;
11   }
```

字符可以使用 scanf 读入、printf 输出，占位符是 %c，还可以使用更为简洁和常用的 getchar 和 putchar，这两个函数的功能是读入一个字符和输出一个字符。

2.10 强大、经典的 scanf 和 printf

C 语言是简洁、优雅、有用的。所谓优雅，就是貌似很复杂的问题可以用很简洁的方式来处理。这在 scanf 和 printf 中得到了充分体现。

例 2-4 输出如下所示的字符串：

```
C Language
Simple
Useful
Graceful
```

相应的代码如下：

```
1    #include <stdio.h>
2    int main(void)
3    {
4        printf("C Language\n");
5        printf("Simple\n");
6        printf("Useful\n");
7        printf("Graceful\n");
8        return 0;
9    }
```

上述代码也可以写成一行 printf 语句，如下所示：

```
1    #include <stdio.h>
2    int main(int argc, char *argv[ ])
3    {
4        printf("C Language\nSimple\nUseful\nGraceful\n");
5        return 0;
6    }
```

printf 语句中出现的 "\n" 是最常用到的转义符。

编程语言拥有转义字符的原因基本上是两点：①使用转义字符来表示字符集中定义的字符，如 ASCll 码里面的控制字符及回车换行等字符，这些字符都没有现成的文字代号；

②某些特定的字符在编程语言中被定义为特殊用途的字符，在键盘上找不到相应的输入。

例如，要输出反斜杠和双引号，可以这样写：

```
1   #include <stdio.h>
2   int main(int argc, char *argv[ ])
3   {
4       printf("c:\\code\\p001.cpp \"my first program\" \n");
5       // 输出结果是 c:\code\p001.cpp "my first program"
6       return 0;
7   }
```

再举一个例子，培根和苏格拉底说过这样的名言：

培根说："知识就是力量。"

苏格拉底说："唯一真正的智慧是知道你什么都不知道。"

用英文表示，就是：

Bacon said: "Knowledge is power."

Socrates said: "The only true wisdom is in knowing you know nothing."

苏格拉底说的话有点儿长，在程序中应该分成多行来显示，代码如下：

```
1   #include <stdio.h>
2   int main(int argc, char *argv[ ])
3   {
4       printf("Bacon said: \"Knowledge is power.\"\n");
5       printf("Socrates said: \"The only true wisdom is"
6             " in knowing you know nothing.\"\n");
7       return 0;
8   }
```

第 2 个 printf 展示了如何将多行内容拆分成多个字符串后输出。

格式化输出的示例：

```
1    #include <stdio.h>
2    int main(int argc, char *argv[ ])
3    {
4        double a = 567.45, b=888.94;
5        printf("$%8.2lf $%8.2lf\n", a, b);
6        printf("$%8.2lf $%8.2lf\n", 2*a, 2*b);
7        /* 输出结果如下
8        $567.45 $888.94
9        $1134.90 $1777.88
10       */
11       return 0;
12   }
```

这个例子充分体现了格式化的含义。有些情况下，不仅需要输出数字本身，还希望以特定的格式呈现，以方便阅读。"8.2"表示整个数字共占用 8 个字符，其中小数点占 1 位，小数点后面的数字占两位，如果整个数字不足 8 位，则余下的显示为空格。

再来看一个常用的例子，输出显示时使年、月、日都能对齐，月份和日期没有十位数的，使用数字零来替代。

```
1  #include <stdio.h>
2  int main(int argc, char *argv[])
3  {
4      printf("today is %d-%02d-%02d\n", 2015, 3, 12);
5      printf("today is %d-%02d-%02d\n", 2016, 10, 07);
6      /*
7      today is 2015-03-12
8      today is 2016-10-07
9      */
10     return 0;
11 }
```

下面的示例展示了如何转化输入日期的格式。

输入：today is 2016-3-12

输出：2016 年 03 月 12 日

```
1  #include <stdio.h>
2  int main(int argc, char *argv[])
3  {
4      int y, m, d;
5      scanf("today is %d-%d-%d", &y, &m, &d);
6      printf("%d 年 %02d 月 %02d 日 \n", y, m, d);
7      return 0;
8  }
```

第 5 行语句会和输入进行比对，然后从中提取出数字。scanf 函数不仅存在于 C 语言中，在 PHP 语言中也是存在的。在编写 PHP 程序时，在很多简单情况下，常常使用 scanf 语句而不是使用正则表达式来解决问题。

C 语言函数的输入来源除了键盘输入，其实还有字符串输入和文件输入。scanf 函数其实是一个家族，scanf 的兄弟姐妹是 sscanf 和 fscanf。printf 也是如此，有相应的 sprintf 和 fprintf，在后面介绍字符串和文件时再做详细的介绍。

下面的例子显示了函数 sscanf 的使用方法，第 1 个 s 表示的是字符串 string，函数从字符串中读入输入。和 scanf 相比，它多了第一个字符串参数，其他的参数和 sscanf 相同。

```
1  #include <stdio.h>
2  int main(int argc, char *argv[])
3  {
4      int y, m, d;
5      sscanf("today is 2015-3-12", "today is %d-%d-%d", &y, &m, &d);
```

```
6        printf("%d %d %d\n", y, m, d);
7        printf("today is %4d-%02d-%02d\n", y, m, d);
8        return 0;
9    }
```

printf 语句在 PHP 和 Java 语言中也同样存在，而占位符的思想则在更多的程序设计语言中得以体现。

2.11 在命令行界面编译和运行程序

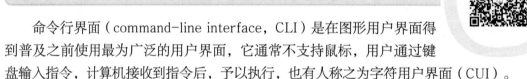

命令行界面（command-line interface，CLI）是在图形用户界面得到普及之前使用最为广泛的用户界面，它通常不支持鼠标，用户通过键盘输入指令，计算机接收到指令后，予以执行，也有人称之为字符用户界面（CUI）。

命令行界面没有图形用户界面那么方便用户操作。命令行界面的软件通常需要用户记忆操作的命令，但命令行界面要比图形用户界面节约计算机系统的资源。

在熟记命令的前提下，使用命令行界面往往要比使用图形用户界面的操作速度要快。在现在的图形用户界面的操作系统中，通常都保留着可选的命令行界面。在服务器应用领域，命令行优势明显，命令行有利于自动化运行和维护。

下面以 A+B 问题为例，讲述如何在命令行界面编译运行 C 语言程序。

文件命名为：aplusb.c，保存到目录 d:\code\pipe。

```
1    #include <stdio.h>
2
3    int main(int argc, char *argv[ ])
4    {
5        int a, b, c;
6        scanf("%d%d", &a, &b);
7        c = a + b;
8        printf("%d\n", c);
9        return 0;
10   }
```

C-Free 是一个集成开发环境（Integrated Development Environment，IDE），使用了开源的编译器 MinGW，MinGW 是将 GCC 编译器和 GNU Binutils 移植到 Windows 平台下的产物。

在 Windows 操作系统下，命令行运行编译器 GCC 还需要做一定的配置。

（1）第 1 步：修改环境变量 Path

在 Windows 上设置 Path：选择【控制面板】→【系统】→【高级系统设置】选项，添加 GCC 所在目录 (C:\Program Files (x86)\C-Free 5\mingw\bin) 到 $PATH，并使用

echo 命令查看环境变量：

> D:\code\pipe>echo %PATH%

如果添加正确，会显示类似于下面的结果。

> C:\Program Files (x86)\Parallels\Parallels Tools\Applications;C:\Windows\system32;C:\Windows;
> C:\Windows\System32\Wbem;C:\Windows\System32\WindowsPowerShell\v1.0\;C:\Program
> Files\TortoiseSVN\bin;C:\Program Files (x86)\C-Free 5\mingw\bin

（2）第2步：进入文件所在目录

有两种方式可以进入文件所在目录。

方式 A：

1）按 <Win+R> 组合键打开运行窗口。

2）输入"cmd"命令并按 <Enter> 键，打开命令行窗口。

3）假如路径是这样的：D:\code\pipe，首先输入"D："，按 <Enter> 键进入 D 盘，然后输入"cd code\pipe"命令。

方式 B（推荐）：

在 D:\code\pipe 文件夹里，将鼠标置于空白处，按住 <Shift> 键不放，同时右击鼠标，这时在弹出的快捷菜单中会出现一个"打开命令行"的菜单选项。

（3）第3步：执行 GCC 命令

使用 GCC 编译程序，指定输出文件名为"aplusb"。

gcc aplusb.cpp -o aplusb

在 Linux/UNIX 系统下，生成文件 aplusb；在 Windows 系统下，生成文件 aplus.exe。运行程序 aplusb，并输入 3 4，程序输出计算结果 7。

> D:\code\pipe>aplusb
> 3 4
> 7

2.12 文件、I/O 重定向和管道 *

2.12.1 抽象思维：一切都是文件

C 语言最初是由丹尼斯·里奇在贝尔实验室为开发 UNIX 操作系统而设计的。UNIX 操作系统要管理的资源有文档、目录（文件夹）、键盘、监视器、硬盘、可移动媒体设备、打印机、调制解调器、虚拟终端等，还有进程间通信（IPC）和网络通信等输入 / 输出资源。为了简化对于硬件组件的管理，操作系统把"一切都看作文件"，最显著的好处是对于上面所列出的输入 / 输出资源，只需要相同的一套管理工具、实用程序和 API。在 UNIX 衍生的操作系统如 Linux、FreeBSD、macOS 中，也继承了这一优秀的设计理念。

由众多实例或案例归纳出通用的方法和规则，其核心思想就是抽象。在程序世界中，抽象是很重要的概念。除了对于技术层面（如数据类型、数据结构、算法、并发模式等）的抽象外,还有对业务层面(如业务流程、业务模型、业务数据等)的抽象。

文件本质上就是一串数据流,通过内容区分文件类型是留给应用程序的任务。执行一个 shell 命令行时通常会自动打开 3 个标准文件:标准输入文件(stdin),通常对应终端的键盘;标准输出文件(stdout)和标准错误输出文件(stderr),这两个文件都对应终端的屏幕。进程将从标准输入文件中得到输入数据,将正常输出数据输出到标准输出文件,而将错误信息送到标准错误文件中。

下面以求平方程序为例,体会 I/O 重定向的使用。求平方的程序的代码如下,文件保存为 sqr.c。

```
1  #include <stdio.h>
2  int main(int argc, char *argv[])
3  {
4      int n;
5      scanf("%d", &n);
6      printf("%d\n", n*n);
7      return 0;
8  }
```

使用 GCC 编译,生成文件 sqr.exe(Windows 平台)。

```
gcc sqr.cpp -o sqr
```

I/O 重定向包括输入重定向和输出重定向。输入重定向是将输入文件放到程序的标准输入,输出重定向是将程序输出保存到文件中。

使用记事本,创建文本文件 in.txt,文本文件的内容是 6。

```
D:\code\pipe>sqr < in.txt
36


D:\code\pipe>sqr < in.txt > out.txt
```

执行第 1 行命令,不需要输入数字,而是将文本 in.txt 中的内容作为输入传递给程序 sqr。第 2 行是输出的结果。

执行第 4 行命令,既不需要输入数字,sqr 程序也没有输出结果到屏幕。这里将文本 in.txt 中的内容作为输入传递给程序 sqr,程序 sqr 将输出结果重定向到文件 out.txt。打开 out.txt 文件,可以看到程序的运行结果 36 在这个文件中。

2.12.2　管道机制

在 Windows 平台输入下面的命令:

```
echo 3 4 | aplusb
echo 10 | sqr
echo 3 4 | aplusb | sqr
```

在 Linux/UNIX 平台上略作调整,添加点号表示当前目录:

```
echo 3 4 | ./aplusb
echo 10 | ./sqr
echo 3 4 | ./aplusb | ./sqr
```

运行结果如下：

7

100

49

echo 是 Windows/Linux 平台上的原样输出命令。

第 1 行命令使用 echo 输出数字 3 和 4 给 A+B 程序 aplusb，后者输出结果为 7。

第 2 行命令使用 echo 输出数字 10 给平方计算程序 sqr，后者输出结果为 100。

第 3 行命令使用 echo 输出数字 3 和 4 给 A+B 程序 aplusb，该程序计算出结果 7 并继续传递给下一个程序 sqr，程序 sqr 计算出 7 的平方为 49。

这里用到的概念是管道（Pipeline），即是一个由标准输入输出链接起来的进程集合，每一个进程的输出（stdout）被直接作为下一个进程的输入（stdin）。

管道的概念以及垂直线的记号 | 都是由道格拉斯·麦克罗伊（Douglas Mcllroy，见图 2-9）发明的，他是早期命令行 Shell 的作者。他常常将一个程序的输出作为另一个程序的输入，于是便发明了"管道"。他的想法在 1973 年被实现，Ken Thompson 将管道添加到了 UNIX 操作系统。这个点子最终被移植到了其他的操作系统，如 DOS、OS/2、Microsoft Windows 和 BeOS，而且常常使用相同的记号（垂直线）。

图 2-9　道格拉斯·麦克罗伊

 习　题

1. 编写程序，求三个整数的和（P1387）。例如，输入 3、4、5，输出就是这三个数的和 12。

2. 编写程序，求三个整数的平均数（P1084）。输入三个整数，输出它们的平均值，保留 3 位小数。例如，输入 1、2、4，输出是 2.333。

3. 编写程序，求绝对值（P1091）。输入一个浮点数，输出它的绝对值，保留两位小数。例如，输入为 -12.3456，输出为 12.35。

4. 编写程序，计算一元二次函数的值（P1313）。根据输入，计算函数 $f(x)=2x^2+3x-4$ 的值。在本题中，请使用双精度浮点数类型。例如，输入为 2.00，则输出为 10.000。

5. 编写程序，实现温度转换（P1085）。1714 年，荷兰人华伦海特制定了华氏温标，他把一定浓度的盐水凝固时的温度定为 0 ℉，把纯水凝固时的温度定为 32 ℉，把标准大气压下水沸腾的温度定为 212 ℉，中间分为 180 等份，每一等份代表 1 度，这就是华氏温标。摄氏温标规定：在标准大气压下，冰水混合物的温度为 0℃，纯水的沸点为 100℃，中间划分为 100 等份，每一等份为 1℃。输入华氏温度 f，输出对应的摄氏温度 c，保留 3 位小数。华氏温度与摄氏温度转换公式：c=5（f-32）/9。

6. 编写程序，计算圆柱体的表面积（P1166）。圆柱体的表面积由 3 部分组成：上底面积、下底面积和侧面积，公式为：表面积 = 底面积 ×2+ 侧面积。根据平面几何知识，底面积 = pixr×r，侧面积 =2×pi×r×h，pi 取 3.142。浮点数据类型使用 double。输入为底面半径 r 和高 h，输出为圆柱体的表面积，保留 3 位小数。例如，输入为 3.5 和 9，则输出为 274.925。

第 3 章

分支结构

Chapter 03

3.1 if-else 语句的三种基本形式

　　顺序结构程序自上而下执行时，程序中的每一条语句都被执行一次，而且只能被执行一次，以固定的方式处理数据，完成简单的运算。然而，计算机之所以有广泛的应用，在于它不仅能简单地、按顺序地完成人们事先安排好的指令，更重要的是具有逻辑判断能力，能够灵活处理问题。根据不同的情况处理不同的问题，就需要用到分支结构，分支结构也称为选择结构。

　　在 C 语言中，通常利用 if-else、switch-case-break 等语句来处理分支结构的问题。

　　分支结构中最常用的语句是 if-else 语句，主要有三种使用形式，下面通过几个示例来详细了解。

3.1.1 基本结构一：单分支结构

　　例 3-1　求两个整数中的较大值。

问 题 说 明	求两个整数的较大值 输入是两个整数，输出的是其中较大的整数
输 入 示 例	35
输 出 示 例	5

本例可以从多个角度去解决。先看代码：

```
1   #include <stdio.h>
2   int main(int argc, char *argv[ ])
3   {
4       int a, b, max;
5       scanf("%d%d", &a, &b);
6       max = a;
7       if (b>max)
8       {
9           max = b;
10      }
11      printf("%d\n", max);
```

```
12      return 0;
13    }
```

上面的代码先假定最大值（max）是 a，接着比较 b 和 max，如果 b>max，则通过赋值语句将 max 的值更新为 b。

本例是 if 语句的基本结构一：单分支结构，也就是只有 if，没有 else，这是最简单的一种形式。图 3-1 是这种结构的流程图。图中的语句并不一定是一条语句，也可以是多条语句。用一对花括号把一组声明和语句括在一起就构成了语句块，也称为复合语句、代码块。语句块在语法上等价于单条语句。

注意： 右花括号用于结束程序块，其后不需要分号。

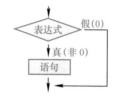

图 3-1 单分支结构流程图

如果程序块中只有一条语句，则花括号可以省略。上面的第 6 ～ 10 行代码可以写成：

```
max = a;
if (b>max)
    max = b;
```

3.1.2 基本结构二：双分支结构

求两个整数中的较大值时，还可以使用完整的 if-else 语句来编写代码，如下所示：

```
1    #include <stdio.h>
2    int main(int argc, char *argv[ ])
3    {
4        int a, b, max;
5        scanf("%d%d", &a, &b);
6        if (a>=b)
7        {
8          max = a;
9        } else
10       {
11         max = b;
12       }
13       printf("%d\n", max);
14       return 0;
15   }
```

这种写法的思路是 max 的可能值是 a 或 b，究竟是哪一个，由条件（a>=b）来决定，如果条件成立，则执行 max=a，否则执行 max=b。该写法体现了 if 语句的基本结构二——双分支结构。

其中第 6 ～ 12 行代码可以简写为：

```
if (a>=b)
    max = a;
else
    max = b;
```

双分支结构可以使用图 3-2 所示的流程图来表示。

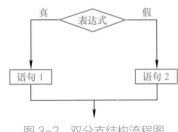

图 3-2 双分支结构流程图

3.1.3 双分支结构和三元运算符

上面的代码还可以写成下面完全等价的形式，使用了 C 语言中的三元运算符。

max = (a>=b) ? a : b;

之所以称为三元运算符，是因为参与运算的有 3 个表达式，它们之间用问号和冒号来分隔。如果第 1 个表达式成立，则执行第 2 个表达式，否则执行第 3 个表达式。使用三元运算符形成的表达式称为条件表达式。

条件表达式中第一个表达式两边的圆括号并不是必需的，因为三元运算符 ? : 的优先级非常低，仅高于赋值运算符。但还是建议使用圆括号，因为这可以使表达式的条件部分更易于阅读。

采用条件表达式可以编写出很简洁、紧凑的代码。下面是一个很好的例子，体现了英语中名词的单复数使用。

```
1  #include <stdio.h>
2  int main(int argc, char *argv[ ])
3  {
4      int n = 2;
5      printf("There are %d line%s.", n, n==1? "" : "s");
6          // n = 1，输出：There are 1 line.
7          // n = 2，输出：There are 2 lines.
8      return 0;
9  }
```

3.1.4 基本结构三：多分支结构

例 3-2 简单分段函数的求值。

问题说明	根据下面的分段函数定义计算函数值。输入是一个整数，输出也是整数
示例输入	4
示例输出	7

分段函数如下：

$$y = \begin{cases} x & (x<1) \\ 2x-1 & (1 \leqslant x < 10) \\ 3x-11 & (x \geqslant 10) \end{cases}$$

代码如下：

```
1   #include<stdio.h>
2   int main(int argc, char *argv[ ])
3   {
4       int x, y;
5       scanf("%d",&x);
6       if (x<1)
7           y = x;
8       else if(x<10)
9           y = 2*x-1;
10      else
11          y = 3*x-11;
12      printf("%d\n",y);
13      return 0;
14  }
```

在多分支结构中，除了 if 和 else 外，还出现了 else if，这是处理多个分支情况的应用。仔细观察，其实是在第2种基本结构中，插入了 else if 语句。如果有更多的分支，代码应该是这样的：

```
if ( 表达式 )
    语句 ;
else if ( 表达式 )
    语句 ;
else if ( 表达式 )
    语句 ;
else if ( 表达式 )
    语句 ;
else
    语句 ;
```

多分支结构的流程图如图 3-3 所示。

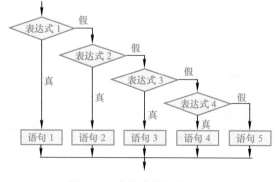

图 3-3　多分支结构流程图

本例也可以使用单分支结构的 if 语句，代码如下：

```
1   #include<stdio.h>
2   int main(int argc, char *argv[ ])
3   {
4       int x, y;
5       scanf("%d",&x);
6       if (x<1) y = x;
7       if (x>=1 && x<10) y = 2*x-1;  // && 是逻辑运算符，含义是"并且"
8       if (x>=10) y = 3*x-11;
9       printf("%d\n",y);
10          return 0;
11  }
```

采用单分支结构的 if 语句来处理多分支结构的问题时，要特别注意各个 if 语句的表达式要互斥，确保在任何情况下，只执行其中的一个语句。

3.1.5　C 语言的 if-else 匹配问题 *

无论是在什么考试中，if-else 的配对问题常常是热点问题。请看下面的代码：

```
1   #include <stdio.h>
2   int main(int argc, char *argv[ ])
3   {
4       int a, b;
5       scanf("%d%d", &a, &b);
6       if(a!=b)
7           if(a>b) puts("a>b");
8       else puts("a<b");
9       return 0;
10  }
```

考试中的题目往往具有极强的误导性。表面上看，上述第 8 行的 else 是和第 6 行的 if 对应的。实际上，C 语言规定，else 总是与它前面最近的 if 配对。如果使用代码格式化功能，上述代码会重新排列如下：

```
if(a!=b)
    if(a>b) puts("a>b");
    else puts("a<b");
```

经过格式化后的代码清楚地展现了程序的意图。当 a=b 时，程序是没有任何输出的。

编程建议：对程序进行代码格式化能增强程序的可读性。

3.2　语法错误和逻辑错误

上节的分段函数的例子，初学者常常会根据题目写成这样：

```
1   #include <stdio.h>
2   int main(int argc, char *argv[ ])
3   {
4       int x, y;
5       scanf("%d",&x);
6       if (x<1) y=x;
7       if (1<=x<10) y=2*x-1;
8       if (x>=10)  y=3*x-11;
9       printf("%d\n",y);
10      return 0;
11  }
```

这段代码非常有迷惑性，因为如果 x 是属于后面两个分支，则结果是正确的。只有 x<1 时，答案就不是所预期的，问题出在第 7 行。例如，当 x = 0 时，在执行完第 6 行时，条件成立，先执行了 y = x，接着执行第 7 行代码，条件"1<=x<10"可以分为两个步骤：① 1<=x，条件不成立，在 C 语言中，条件不成立时，条件表达式"1<=x"的值为 0。②然后判断条件 0<10，这是成立的，所以继续执行语句 y=2*x-1，由此和预期的结果不一样，这样的错误被称为逻辑错误。语法错误和逻辑错误的比较见表 3-1。

表 3-1　语法错误和逻辑错误的比较

	语 法 错 误	逻 辑 错 误
常见情形	1）变量的大小写不一致 2）缺少标点符号 3）函数名称拼写错误 4）括号不匹配	1）运算符使用不正确 2）语句的先后顺序不对 3）条件语句的边界值不正确 4）循环语句的初值与终值有误
编译器检查	无法通过编译	可以通过编译，甚至没有警告信息
解决错误	难度小	难度大

存在逻辑错误的程序更具隐蔽性，通常很难被发现，这也是很多程序设计语言的难点。平时养成良好的编程习惯，不用自己一知半解的写法去编写程序，可以在一定程度上避免这类错误的发生。

3.3　运算符、表达式和优先级

C 语言有非常丰富的运算符，其使用又很灵活，往往会给初学者带来困惑。掌握这部分内容的关键是结合应用场景来理解常见运算符的使用，遇到不太常用的运算符可以参考文档。

3.3.1　关系运算符与关系表达式

关系运算就是比较运算，关系运算符有 6 种，分别为小于、小于等于、大于、等于、大于等于、不等于，其运算结果为逻辑值，或称为布尔（boolean）值，其值只有两种可能：

"真"或"假"。在 C 语言中，并没有单独设定逻辑类型，而是用非 0 来表示"真"，用 0 来表示"假"。

C 语言中提供的 6 种关系运算符见表 3-2。

表 3-2　C 语言中的 6 种关系运算符

运　算　符	名　　称	示　　例	运　算　符	名　　称	示　　例
>	大于	a>3	>=	大于等于	a>=3
<	小于	a<3	<=	小于等于	a<=3
==	等于	a==3	!=	不等于	a!=3

初学者常犯的一个错误是把关系运算符"=="误写成赋值运算符"="。如果把关系表达式"x==3"误写成赋值表达式"x=3"，则不管 x 的原值是什么，表达式"x=3"的结果为"真"，因为赋值表达式的值是左边变量所得到的值。

常见的运算符按照优先级由高到低排列如下：

算术运算符，关系运算符（>、>=、<、<=、==、!=），赋值运算符。

例 3-3　关系表达式的值的输出。

```
1  #include <stdio.h>
2
3  int main(int argc, char *argv[ ])
4  {
5      int x = 0;
6      printf("%d %d %d\n", x<1, x==2, 1<=x<10); // 1 0 1
7      printf("x=%d\n", x);                      // x=0
8  }
```

程序说明如下：

1）x<1 的比较结果为真，在 C 语言中用 1 表示。

2）x==2 的比较结果为假，在 C 语言中用 0 表示。

3）1<=x<10 从左向右执行，1<=x 的比较结果为假，值为 0，原表达式相当于 0<10，比较结果为真，所以 1<=x<10 的结果为 0。

4）第 6 行的 x==2 是比较操作，也可以写成 2==x，x 的值并不发生变化，所以第 7 行输出 x=0。

3.3.2　逻辑运算符和逻辑表达式

有时判断的条件并不是单一条件，而是由几个简单条件构成的复合条件，如判断长度为正整数 a、b、c 的三条线段能否构成三角形。只有当 a+b>c、b+c>a、c+a>b 这 3 个条件都成立，这三条线段才能构成三角形。这个组合条件需要用逻辑运算符 AND（与运算）来表示，在 C 语言中，与运算符为 &&，组合条件可以写成 a+b>c && b+c>a && c+a>b。

用逻辑运算符连接起来的式子称为逻辑表达式。

C 语言的 3 种逻辑运算符及其含义见表 3-3。

表 3-3　C 语言中的 3 种逻辑运算符及其含义

运 算 符	含 义	示 例	示 例 说 明
&&	并且（逻辑与）AND	x>=1 && x<10	x∈[1, 10)
||	或者（逻辑或）OR	n==0 || n==1	n 为 0 或者 1
!	取反（逻辑非）NOT	if (!valid)	当 valid 的值为 0 时，条件成立

表 3-4 为逻辑运算的真值表。

表 3-4　逻辑运算的真值表

a	b	!a	!b	a&&b	a || b
真	真	假	假	真	真
真	假	假	真	假	真
假	真	真	假	假	真
假	假	真	真	假	假

C 语言中并没有逻辑型数据，逻辑运算符两侧的运算对象不仅可以是整数，还可以是字符型、浮点型、枚举型或指针型的纯量型数据，编译系统最终以 0 或者非 0 来判定"真"还是"假"。表 3-4 也可以改写成表 3-5 的形式。

表 3-5　C 语言中非零为真

a	b	!a	!b	a&&b	a || b
非 0	非 0	0	0	1	1
非 0	0	0	1	0	1
0	非 0	1	0	0	1
0	0	1	1	0	0

例 3-4　判断能否构成三角形。

问题说明	输入三条线段的长度值（均为正整数），判断能否构成三角形。如果可以，则输出"yes"，如果不能，则输出"no"
示 例 输 入	2 3 1
示 例 输 出	no

```
1  #include <stdio.h>
2  int main(int argc, char *argv[ ])
3  {
4      int a, b, c;
5      scanf("%d%d%d", &a, &b, &c);
6      if (a+b>c && a+c>b && b+c>a)
7          puts("yes");
8      else
9          puts("no");
10     return 0;
11 }
```

在第 6 行代码 if(a+b>c && a+c>b && b+c>a)，就用到了多种运算符和表达式。

1）+、−、*、/、% 是算术运算符，a+b 是算术表达式。

2）>、<、>=、<= 是关系运算符，a+b>c 是关系表达式，关系表达式的值为 1 或 0。

3）并且 &&、或者 || 是逻辑运算符，a+b>c && a+c>b && b+c>a 是逻辑表达式。

各种运算符有优先顺序。在本例中，没有添加括号，运算就由各类运算符事先定义好的优先级来展开，按照优先级高低的顺序来排列，分别是：加法（算术运算符）、大于（关系运算符）、并且（逻辑运算符）。

学习方法：通过示例来理解优先级就不需要死记硬背了。从这个简单的例子中，就可以想到 3 种运算符（算术、关系、逻辑）的优先级。

3.3.3　自增自减运算符

整数 n 自身加 1 可以写 n+=1，等价于 n=n+1。在 C 语言中还有一种更简单的写法，就是 n++ 或者 ++n，这种写法叫作自增。相应的，也有 n−− 和 −−n，叫作自减，表示自身减 1。++ 和 −− 分别称为自增和自减运算符。

下面的代码是自增和自减的示例：

```
1   #include <stdio.h>
2
3   int main(int argc, char *argv[ ])
4   {
5       int a = 5, b = 10;
6       printf("a=%d, b=%d\n", a, b);
7       ++a;
8       --b;
9       printf("a=%d, b=%d\n", a, b);
10       a++;
11       b--;
12       printf("a=%d, b=%d\n", a, b);
13       return 0;
14   }
```

运行结果如下：

a=5, b=10

a=6, b=9

a=7, b=8

自增自减完成后，会用新值替换旧值，并将新值保存在当前变量中。自增自减只能针对变量，不能针对数字。

++ 在后面叫作后自增（n++），先进行其他操作，再进行自增操作。

++ 在前面叫作前自增（++n），先进行自增操作，再进行其他操作。

如果 n 的值为 5，执行 x = n++，执行后的结果是 x 的值为 5。

如果 n 的值为 5，执行 x = ++n，执行后的结果是 x 的值为 6。

无论是 n++ 还是 ++n，执行后 n 的值都从原来的 5 变为了 6。

3.3.4 逻辑运算符的短路特性

逻辑运算符 && 和 || 有一些较为特殊的属性，由这两个运算符连接的表达式按照从左向右的顺序进行求值，并且在知道结果值为真或为假后立即停止计算，这种特性也称为"短路"。

例 3-5 判断某一年份是否是闰年。

闰年（leap year）是为了弥补因人为历法规定造成的年度天数与地球实际公转周期的时间差而设立的。闰年有公历闰年和农历闰年。公历闰年四年一次，闰年的 2 月为 29 天，一年总天数为 366 天。

公历闰年的判定要符合下面的两个条件：

1）非整百年且能被 4 整除的为闰年，如 2004 年就是闰年，2100 年不是闰年。

2）能被 400 整除的是闰年，如 2000 年是闰年，1900 年不是闰年。

判断闰年的 N-S 流程图如图 3-4 所示。

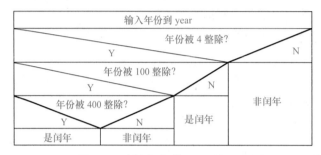

图 3-4 判断闰年的 N-S 流程图

标准 C 语言中没有布尔变量，这里用变量 leap 来表示是否是闰年，1 表示闰年，0 表示非闰年（平年）。

该流程图对应的 C 语言程序可以使用嵌套 if 语句来编写，代码如下：

```
1   #include <stdio.h>
2   int main(int argc, char *argv[ ])
3   {
4       int year, leap;
5       scanf("%d", &year);
6       if (year%4==0)
7       {
8           if (year%100==0)
9           {
10              if (year%400==0) leap = 1;
11              else leap = 0;
12          }
13          else leap = 1;
14      }
15      else leap = 0;
16      puts(leap ? "leap" : "nonleap");
```

```
17      return 0;
18   }
```

上述代码可以利用 C 语言中的逻辑运算符 && 和 || 改写如下：

```
1   #include <stdio.h>
2   int main(int argc, char *argv[ ])
3   {
4       int year, leap;
5       scanf("%d", &year);
6       leap = (year%4 == 0 && year%100 != 0) || year%400 == 0;
7       puts( leap ? "leap" : "nonleap");
8       return 0;
9   }
```

由于逻辑运算符 && 的优先级要高于 ||，上面的第 6 行代码等价于下面的代码：

leap = year%4 == 0 && year%100 != 0 || year%400 == 0;

前面的写法具有更好的代码可读性，推荐使用。

判定闰年的两个条件可以交换顺序，如下所示：

leap = year%400 == 0 || (year%4 == 0 && year%100 != 0) ;

回顾公历闰年判定的两个条件：①能被 400 整除的是闰年；②非整百年且能被 4 整除的为闰年。这两个条件之间是或者（||）关系，第 2 个条件中的两个子条件是并且（&&）关系。

这行代码中共有 3 个关系表达式，下面以 3 种不同情况来讨论其计算过程。

1）如果 year=2000，第 1 个关系 year%400==0 的值为 1，后面的两个关系不用计算就可以确定 leap=1。

2）如果 year=2017，则第 1 个关系的值为 0，继续计算第 2 个关系的值，其值为 0，第 3 个表达式无须计算就可以确定括号内的表达式的值为 0，leap = 0。

3）当 year = 2016 时，第 1 个关系的值为 0，第 2 个关系的值为 1，括号内的表达式的值无法确定，继续计算第 3 个表达式，其值为 1，leap = 1。

这个例子展示了恰当的使用逻辑运算符可以优化嵌套 if 语句，提高了代码的可读性。

3.4　多路分支语句 switch-case-break

所有的多路分支的情形都可以使用 if 语句来处理。在某些情况下，使用 switch-case-break 语句来处理能大大提高代码的可读性。

3.4.1　switch-case-break 的基本用法

switch 语句用来控制比较复杂的条件分支操作。先来看下面的示例。

例 3-6　小写字母的字符释义。

问题说明	从键盘输入一个字符，当输入的字符为 "y" 或 "n" 或 "c" 时，分别显示 "Yes" "No" "Cancel"，输入其他字符时显示 "Illegal!"
示例输入	Y
示例输出	Yes

要实现上述功能，完全可以使用 if 语句来表达，代码如下：

```
1   #include <stdio.h>
2   int main(int argc, char *argv[ ])
3   {
4       char c=getchar();
5       if (c=='y')
6           printf("Yes\n");
7       else if (c=='n')
8           printf("No\n");
9       else if (c=='c')
10          printf("Cancel\n");
11      else
12          printf("Illegal!\n");
13      return 0;
14  }
```

在 C 语言中，还提供了 switch-case-break 语句来处理多分支的情况，使用该语句来解决本问题具有很好的代码可读性。switch-case-break 语句在有些程序设计语言中并不存在，如 Python。

C-Free 中提供了 switch 语句的代码模板，在此基础上编写代码会容易很多，而且避免了错误。例 3-6 代码改写如下：

```
1   #include <stdio.h>
2   int main(int argc, char *argv[ ])
3   {
4       char c=getchar();
5       switch(c) {
6       case 'y':
7           printf("Yes\n");
8           break;
9       case 'n':
10          printf("No\n");
11          break;
12      case 'c':
13          printf("Cancel\n");
14          break;
15      default:
16          printf("Illegal!\n");
17          break;
18      }
19      return 0;
20  }
```

程序执行到第 5 行时，判断字符 c 属于哪种情况，然后就跳转到相应的分支，执行完输出语句后，紧接着就是 break 语句。顾名思义，break 的含义为中止，在这里表示跳出当前的 switch 语句，继续执行第 19 行语句。

第 15 行的 default 表示当字符 c 不属于前面的任何一个 case 时，就跳转到 default，也就是其他情况。

注意：各 case 分支后的常量表达式必须是整数类型或字符型。

3.4.2　多个 case 语句相同情况的处理

在多数情况下，switch-case-break 是一起出现的，但 C 语言语法并不要求一定要有 break 语句，请看下面的问题。

例 3-7　不区分大小写的字符释义。

问 题 说 明	从键盘输入一个字符，当输入的字符为 "Y" 或 "y"、"N" 或 "n"、"C" 或 "c" 时，也就是说不区分大小写，分别显示 "Yes" "No" "Cancel"，输入其他字符时显示 "Illegal!"
示 例 输 入	Y
示 例 输 出	Yes

根据上面的思路，可以很容易写出下面的程序：

```
1   #include <stdio.h>
2   int main(int argc, char *argv[ ])
3   {
4       char c=getchar( );
5       switch(c) {
6       case 'y':
7           printf("Yes\n");
8           break;
9       case 'Y':
10          printf("Yes\n");
11          break;
12      case 'n':
13          printf("No\n");
14          break;
15      case 'N':
16          printf("No\n");
17          break;
18      case 'c':
19          printf("Cancel\n");
20          break;
21      case 'C':
22          printf("Cancel\n");
23          break;
24      default:
```

```
25          printf("Illegal!\n");
26          break;
27      }
28      return 0;
29  }
```

上述代码实现本例功能完全没有问题，但显得累赘。其实可以这样写：

```
1   #include <stdio.h>
2   int main(int argc, char *argv[ ])
3   {
4       char c=getchar( );
5       switch(c) {
6       case 'y':
7       case 'Y':
8           printf("Yes\n");
9           break;
10      case 'n':
11      case 'N':
12          printf("No\n");
13          break;
14      case 'c':
15      case 'C':
16          printf("Cancel\n");
17          break;
18      default:
19          printf("Illegal!\n");
20          break;
21      }
22      return 0;
23  }
```

假设输入的字符为 n，则程序从第 5 行跳转到第 10 行，为空语句，程序只要没有遇到 break 语句，则继续向下执行，也就是执行第 12 行，在第 13 行遇到了 break 语句，跳出当前的 switch 语句，也就是执行第 22 行。

C-Free 提供的模板是包括 break 语句的，如下所示：

```
switch( )
{
    case :
        break;
    case :
        break;
    default:
        break;
}
```

使用这样的模板可以避免忘记添加 break 语句，从而避免产生和编程者本意相违背的情况。在确认不需要添加 break 语句的情况下，再明确地删除 break 语句，这是一种良好的代码编写习惯。在很多时候，编写代码并没有花费很多时间，但找出代码中存在的问题却很容易耗去几个小时甚至更多的时间。

3.5 代码格式化：让代码清晰易读

随着程序长度的增加及代码逻辑结构越来越复杂，非常有必要让代码按照一定的规则排列。先来看下面的代码：

```
1    #include<stdio.h>
2    int main(int argc, char *argv[ ])
3    {
4        int x, y;
5            scanf("%d",&x);
6                    if(x<1)
7            y=x;
8    else if(x<10)
9            y=2*x-1;
10                       else
11            y=3*x-11;
12      printf("%d\n",y);
13          return 0;
14   }
```

上述程序没有语法错误，也能正常工作，但阅读起来非常费劲。在平时的程序编写过程中，尤其是逻辑结构较为复杂的情况下，也是要花点儿心思使代码保持清晰的缩进的。

幸好，C-Free 5.0 具备代码格式化的功能，选择【工具】→【C/C++ 代码格式化】选项，可以让上面的代码瞬间变得很清晰。

```
1    #include<stdio.h>
2    int main(int argc, char *argv[ ])
3    {
4        int x, y;
5        scanf("%d",&x);
6        if(x<1)
7            y=x;
8        else if(x<10)
9            y=2*x-1;
10       else
11           y=3*x-11;
12       printf("%d\n",y);
```

```
13      return 0;
14    }
```

代码格式化这个功能的实现其实是因为 C-Free 5.0 集成了开源软件 Astyle，这个软件可以在官网上单独下载。

在学习新的编程语言时，还应考虑如何使用工具让代码井井有条，错落有致。

3.6 三类任务的特点及学习策略

学习程序设计课程采用"任务驱动"的方式是有效的办法。程序设计课程的任务大致可划分为程序类、操作类和知识类，每类任务的特点和学习策略有很大的差别。

1. 程序类任务（阅读和编码）

程序类任务就是包含或者要求实现程序的任务，可细分为如下类型：

1）运行体验类，这类任务中的程序代码较长或者较难，实现了较为有趣或者实用的功能，主要目的是激发学习兴趣、开阔视野，形成对课程的感性认识和整体认知，如"马踏棋盘""奇数阶魔方"等。

2）语法示例类，这类任务主要是围绕一到两个语法点而设计，代码通常较短，并不具有实用功能，主要目的是帮助读者理解语法中的难点，如 C 语言中的"关系表达式的值的输出""自增自减运算符"等。

3）代码实现类，这类任务要求学生设计代码来实现特定的功能，这类任务是整个课程占比最多的类型。程序设计类和语法示例类有时并没有显著的分界线。本书中的这类任务有：①计算圆的周长和面积；②判断能否构成三角形；③水仙花数；④迭代法求平方根。

代码实现类任务是学习程序设计的重点。完成程序在线评测系统上的题目是提高编程能力的有效手段。课程配套的程序评测系统较为基础，学有余力的读者还可以尝试洛谷和力扣，详细使用方法见本书附录。

2. 操作类任务（信息检索和团队合作）

操作类任务是指按照操作指示来完成特定操作。程序设计类课程中的典型操作类任务有：①安装程序设计开发环境；②生成模板或框架代码；③在命令行界面编译和运行程序；④代码的格式化操作；⑤提交程序到程序设计在线评测系统。

操作类任务的特点是如果不出现异常，难度不大，完成时间可预期；如果出现异常，往往需要较为丰富的经验才能解决。

操作类任务的学习策略主要有：①信息检索，即利用搜索工具解决具体问题，重点是关键词的选择；②工具性求助，指借助他人的力量但由自己解决困难或者实现目标的行为；③执行性求助，指请求他人"替"自己解决困难的行为。

操作类任务的学习结果可分为两类：①顺利完成，则提交完成结果的展示图；②出现异常情况，则说明解决的方式和过程。

3. 知识类任务（列表、摘要、示意图、模型）

不同学科的知识类任务有较大的差异。程序设计课程中的知识类任务主要是记忆和理解程序设计语言的重点语法特性。典型的知识性任务见表 3-6。每类知识性任务还提供了建议的学习方法，目的不仅是掌握知识，更重要的是掌握知识所需要的方法和策略。

表 3-6　知识类任务举例及学习方法

知识类任务举例	学习方法
比较机器语言、汇编语言和高级语言的特点	列表法
了解 C 语言的发展历程	摘要法（文本高亮、提取关键词）
比较字符串指针和字符数组的区别	示意图
理解符号常量	模型法（What-How-Why）

知识类的学习成果可以通过知识树的形式来展现。知识树以一个主题为中心，有组织、分层次、放射式地展现内容，就像一棵在生长的树，从树干生发出许多的树枝，树枝上再生长出许多树叶。

知识树可在知识点、章节、课程等多个层次展开，读者可根据自身的理解程度和学习状况绘制出不同的知识树，随着学习的深入逐步丰富知识树。

 习　题

1. 编写程序，实现分段函数 (P1055)。有一个函数如下所示，输入 x 值，输出 y 值，如输入 2.00，输出为 3.00。

$$y = \begin{cases} x & (x < 1) \\ 2x - 1 & (1 \leq x < 10) \\ 3x - 11 & (x \geq 10) \end{cases}$$

2. 编写程序，判断输入的整数是否是 6 的倍数（P1330），若是，显示"Right!"和"Great!"，否则显示"Wrong!"和"Sorry!"。

3. 编写程序，实现成绩转换：百分制转为字母（P1008）。给出一百分制成绩，要求输出成绩等级。90 分以上为 A，80 ～ 89 分为 B，70 ～ 79 分为 C，60 ～ 69 分为 D，60 分以下为 E。

4. 编写程序，判断能否构成直角三角形（P1231）。输入三角形三边长度值（均为正整数），判断是否能构成直角三角形的三个边长。如果可以，则输出"yes"，如果不能，则输出"no"。

5. 编写程序，计算学分绩点（P1099）。学分绩点的计算规则如下：成绩 100 分，绩点为 5；90 ～ 99 分之间，绩点为 4；80 ～ 89 分之间，绩点为 3；70 ～ 79 分之间，绩点为 2；60 ～ 69 分之间，绩点为 1；0 ～ 59 分之间，绩点为 0。

6. 编写程序，实现四区间分段函数的计算（P1065）。函数说明如下，输出保留两位小数，浮点数使用 double 类型。

$$f(x) = \begin{cases} |x| & x < 0 \\ (x+1)^{1/2} & 0 \leqslant x < 2 \\ (x+2)^5 & 2 \leqslant x < 4 \\ 2x+5 & x \geqslant 4 \end{cases}$$

7. 编写程序，将数字转换成星期（P1236）。输入一个数字（1～7），输出对应的星期，输入其他的数字，输出 Error。例如，输入 1，输出 Monday，输入 2，输出 Tuesday；输入 8，输出"Error"。

8. 编写程序，判断某人的体重（P1332）。若所输入的体重大于 0 且小于 200 斤，再判断该体重是否在 50～55 公斤之间，若在此范围之内，显示"Yes"，否则显示"No"；若所输入的体重不大于 0 或不小于 200 斤，则显示"Data over!"。输入是浮点数，表示某人的体重。

第4章
循环结构

4.1 最简单的循环：简单重复

计算机最擅长做重复性的工作，也就是说很容易编写程序来实现重复的功能。重复在C语言中是使用循环结构来实现的。使用循环结构，只要写很少的语句，计算机就会反复执行，完成大量的同类计算。

在所有循环结构中，有一类循环是最简单的，循环体所做的工作没有任何变化。

例4-1 被罚抄写100行英文句子的小明。

小明上课不认真听讲，在课堂上玩起了手机游戏，被老师发现了，被要求抄写"Study well and make progress every day"一百遍。小明灵机一动，问老师，可不可以用计算机来写，然后发邮件给老师。老师答应了小明的请求。小明利用程序设计学过的内容，很快就写出来了100行的"Study well and make progress every day"。

这是使用for循环最简单的场景了，具体代码如下：

```
#include <stdio.h>
int main(int argc, char *argv[ ])
{
    int i;
    for (i=1; i<=100; i=i+1)
    {
        printf("Study well and make progress every day \n");
    }
    return 0;
}
```

之所以说这是最简单的循环应用场景，是因为在循环体（大括号内，第6～8行）内并没有出现循环变量i，i只是简单地从1递增到100，起到了计数的作用，共重复执行了100次的循环体。本例中大括号内只有一行语句，大括号是可以省略的。

要验证程序运行后是不是真的输出了100行，如果一行一行去数会很浪费精力，一个简单的办法是将i<=100改写成i<=10，数一下是不是输出了10行。如果是10行，表明程

序功能正确，一般情况下，i<=100 应该是输出了 100 行。

为什么说是一般情况呢？通常数字较小的情况如 100、1000、10000 都不会有问题，但是 100 亿就不能这么写了。这里有两方面的原因：

1）整型变量有表达的范围，在 32 位的情况下，整型变量的范围大概在 -21 亿～ 21 亿之间。

2）printf 输出是要花时间的，如果数字太大，或许就永远看不到程序结束了。

4.1.1 代码的优化

同一个问题可以由很多种代码实现，上述代码还可以写成如下所示：

```
int _;
for (_=0; _<100; _++)
    printf("Study well and make progress every day \n");
```

这里面有 4 个变化：

1）由于花括号中仅有 1 行语句，所以可以省略花括号。

2）循环变量 i 的名字改为了单下划线（_）。

3）循环的范围采用了左闭右开的典型方式。

4）i=i+1 使用了 i++ 来表示。

循环变量的名字使用单下划线（_）后，变量很不显眼，目的是提醒代码阅读人员，该变量在循环体中并没有使用，仅仅是起到重复运行循环体的作用。采用单下划线作为变量名的做法在 C 语言的教材中或许是第一次出现，但在 Python 和 Swift 语言中则得到了普遍应用。

Python 诞生于 1991 年 12 月，Swift 语言诞生于 2014 年 6 月，自然在设计理念和语法上较 C 语言有所优化。本书把 Python 和 Swift 语言中的较新设计理念引入 C 语言，目的有两个：一方面改善了 C 语言的代码可读性，另一方面使读者更容易上手这些新的程序设计语言。

上述代码的功能用 Python 语言实现如下所示：

```
for _ in range(0, 100):
    print("Study well and make progress every day ");
```

用 Swift 语言编写的代码如下所示。使用单下划线（_）作为循环变量，更好地体现了"简单重复"的本质特征。

```
for _ in 0..<100
{
    print("Study well and make progress every day ");
}
```

 小知识

Swift 语言是苹果公司于 2014 年 WWDC（苹果开发者大会）上发布的新开发语言，可与 Objective-C 共同运行于 macOS 和 iOS 平台，用于搭建基于苹果平台的应用程序。2015 年 12 月 4 日，苹果公司宣布其 Swift 编程语言开放源代码，长 600 多页的 The Swift Programming Language 可以在线免费下载。

4.1.2　左闭右开

在 for 循环 for (i=0; i<10; i++) 中，可以看到两个数字 0 和 10，循环变量 i 遍历了数字 0、1、2、…、8、9，但不包括 10，可以表示为 [0, 10)。之所以采用左闭右开这种形式，其中的一个原因是 C 语言和受 C 语言影响的很多程序设计语言（如 C++、Java、PHP 等）中，数组的下标是从 0 开始的，数组 a 的前十个数是 a[0] ~ a[9]，而不是 a[1] ~ a[10]。使用循环 for (i=0; i<10; i++) 恰好遍历了 a[0] ~ a[9] 这 10 个数。循环 for (i=0; i<n; i++) 是 C 语言处理数组前 n 个元素的一种习惯性用法。

左闭右开还可以使用"不等于"来表示，此时循环变量通常为整数，不能为浮点数，如下所示：

```
for ( i=0; i != 10; i++)
```

这种表达方式在遍历字符串时经常用到。

4.2　循环表示序列：计算 1 ~ 100 的和

循环结构最典型的应用是表示序列，序列通常采用 for 循环来表示。在具有"读取并赋值再比较"的特点的环境下，则采用 while 循环。

4.2.1　累积运算：求 1 ~ 100 的和

序列（sequence）是按照一定的顺序排列的元素，如数字序列 [1, 2, …, 5]、小写字母序列 a ~ z 等。在 C 语言中，使用 for 循环来表示序列可以让代码的结构更为清晰，容易理解。

例 4-2　输出 1+2+…+100 的和。

先把问题简化一下，输出 1+2+3+4+5 的和。根据已有的知识，可以写出下面的代码：

```
1  #include<stdio.h>
2  int main(int argc, char *argv[ ])
3  {
4      int sum;
5      sum = 0;
6      sum = sum + 1;
7      sum = sum + 2;
8      sum = sum + 3;
9      sum = sum + 4;
10     sum = sum + 5;
11     printf("%d\n", sum);
12     return 0;
13 }
```

代码的第 6 ~ 10 行是累积运算，其特点就是在重复性的工作中用一个或多个变量不断积累信息。上述代码计算 1 ~ 5 的和是完全没问题的，但如果按照这种模式去计算 1 ~ 100 的和，就会变得无比烦琐。显然这种工作适合用循环来描述，在这种循环中用于积累信息的变量可以称为累积变量，这里是 sum。在进行累积之前，累积变量一定要初始化。分析上面第 5 ~ 10 行的代码，可以归纳为两个动作：

1）将 sum 初始化为 0。

2）将第 6 ~ 10 行代码抽象为 sum = sum + i，i 遍历了 1 ~ 5。

计算 1 ~ 5 的 C 语言代码如下：

```
1  #include<stdio.h>
2  int main(int argc, char *argv[ ])
3  {
4      int i, sum;
5      sum = 0;
6      for (i=1; i<=5; i=i+1)
7          sum = sum + i;
8      printf("%d\n", sum);
9      return 0;
10  }
```

在这个例子以及很多情况下，for 循环用于表示序列，这里 for (i=1; i<=5; i=i+1) 表示序列 [1, 2, 3, 4, 5]，这里的 i=i+1 也可以写为 i++。依此类推，可以知道 for (i=2; i<=10; i=i+2) 表示序列 [2, 4, 6, 8, 10]。

常见序列的 for 循环表示可以归纳为表 4-1。

表 4-1　常见序列的 for 循环表示

序　列	for 循环表示
[0,1,2, …,9]	for (i=0; i<10; i++)
[0,1,2, …,n−1]	for (i=0; i<n ; i++)
[n−1, …, 1, 0]	for (i=n−1; i>=0; i−−)
[1,2, …,n]	for (i=1; i<=n; i++)
[1,2,3,4 …]	for (i=1; ; i++)
小于 n 的奇数	for (i=1; i<n ; i=i+2)
小写字母序列 a ~ z	for (ch= 'a'; ch<= 'z'; ch++)

以序列的方式来理解 for 循环是非常容易的，先写出序列，再找到对应的 for 循环表达式即可。上面的序列都是等差数列，如果不是等差数列，如 1，4，9，16，…，10000，这时可以使用下面的代码间接地构造出这个数列。

```
1  #include <stdio.h>
2  int main(int argc, char *argv[ ])
3  {
4      int i, j;
5      for (i=1; i<=100; i++)
6      {
7          j = i * i;
```

```
8          printf("%d\n", j);
9      }
10     return 0;
11 }
```

i 遍历了序列 1 ~ 100，通过等式 j = i * i，j 就表示要求的序列 1，4，9，16，…，10000。

4.2.2　计算 1 ~ 100 的和的 PHP、Java、Swift 和 Python 版本

很多在 C 语言之后诞生的程序设计语言还在 for 循环之外提供了增强型的 for 循环。例如，在 Java 和 PHP 语言中是 foreach，表示序列的循环在 Swift 语言中采用了 for-in 的循环结构。在 C 语言中不做区分，均采用 for 循环来实现。

PHP、Java 等编程语言都大量借鉴了 C 语言中的特性，下面的几段代码展示了这些语言是如何计算 1 ~ 100 的和的。

1）PHP 中计算 1 ~ 100 的和的代码如下：

```
1  <?php
2      $sum =0;
3      for ($i=1; $i<=100; $i=$i+1)
4          $sum = $sum + $i;
5      printf("%d", $sum);
6  ?>
```

使用 PHP 中的增强型循环 foreach 的代码如下：

```
1  <?php
2      $sum =0;
3      foreach (range(1,100) as $i)
4      $sum = $sum + $i;
5      printf("%d", $sum);
6  ?>
```

2）Java 中计算 1 ~ 100 的和的代码如下：

```
1  class Main
2  {
3      public static void main(String[] args)
4      {
5          int i, sum = 0;
6          for (i=1; i<=100; i++)
7              sum = sum + i;
8          System.out.printf("%d\n", sum);
9      }
10 }
```

上述代码中，1 ~ 4 行和 9 ~ 10 行可以通过软件自动生成，真正需要编写的也就是第 5 ~ 8 行，除了第 8 行的输出语句和 C 语言略有不同外，声明、初始化、运算等步骤和 C 语言完全一致。

3）Swift 语言中计算 1 ~ 100 的和的代码如下：

```
1    var sum = 0;
2    for i in 1...5
3    {
4        sum = sum + i;
5    }
6    print(sum);
```

4）Python 中计算 1 ~ 100 的和的代码如下：

```
1    sum = 0
2    for i in range(1, 101):
3        sum = sum + i
4    print (sum)
```

Python 中提供了 sum 函数：

```
print( sum([i for i in range(1, 100+1)]) )
```

还可以简化为

```
print( sum(range(1, 100+1)) )
```

累积运算是非常重要的一种计算模式，在 Python 语言中提供了 reduce 函数来执行累积运算。在 Python 的交互式命令行输入下面的代码，可进行累积运算。

```
>>> import functools
>>> functools.reduce( (lambda x, y: x+y), range(101))
5050
```

4.2.3　罗塞塔石碑语言学习法

罗塞塔石碑（Rosetta Stone，见图 4-1）是一块制作于公元前 196 年的花岗岩石碑，刻有古埃及法老托勒密五世的诏书，但由于这块石碑同时刻有 3 种不同语言版本的同一段内容，使得近代的考古学家得以有机会对照各语言版本的内容后，解读出已经失传千余年的埃及象形文的意义与结构，而成为今日研究古埃及历史的重要里程碑。

探索罗塞塔石碑上的语言奥秘给了我们学习语言的启示，就是依托原有的语言基础去学习新的语言，能大大提高学习效率。

根据这一启示而创建的罗塞塔代码网，该网站的特点是对于同一个任务，使用尽可能多的程序设计语言去完成，从而展示各种语言之间的相似之处和不同点。罗塞塔代码网目前有 831 个任务，208 个初步任务，涉及 646 种程序设计语言。由于语言有特定的应用领域，并不是每个任务都能用所有程序设计语言来完成。

图 4-1　罗塞塔石碑

在上一节，本书对于计算 1 ~ 100 这个问题分别展示了 C 语言、Swift、PHP、Java、Python 等不同程序设计语言的具体实现。

4.3 从特定的数扩展到序列：水仙花数

例 4-3 水仙花数 1。

水仙花数是指一个三位数，其各位数字的立方和等于该数本身。例如：153 是一个水仙花数，因为 $1^3+5^3+3^3=1+125+27=153$。水仙花数共有 4 个，请编写程序，输出这 4 个水仙花数，每行一个。

先编写程序，判断一个特定的数是不是水仙花数。设三位数为 i，将这个三位数的百位数、十位数和个位数分别保存在变量 a、b、c 中，再判断 $a^3+b^3+c^3$ 是否等于 i。代码如下：

```
1   #include <stdio.h>
2   int main(int argc, char *argv[ ])
3   {
4       int i, a, b, c;
5       i = 153;        // 可以改为其他三位数试试
6       a = i/100;
7       b = i/10%10;
8       c = i%10;
9       if (i==a*a*a+b*b*b+c*c*c)   // == 用于判断左右两侧是否相等
10          printf("%d\n", i);
11      return 0;
12  }
```

当 i 不是特定的数，而是一个序列时，就可以找出所有的水仙花数了。从特定的数转为序列，也就是 i = 153 → i = [100, …, 999]，代码如下：

```
1   #include <stdio.h>
2   int main(int argc, char *argv[ ])
3   {
4       int i,a,b,c;
5       for (i=100; i<=999; i++)
6       {
7           a = i/100;                //i 的百位数
8           b = i/10%10;              //i 的十位数
9           c = i%10;                 //i 的个位数
10          if (i==a*a*a+b*b*b+c*c*c)
11              printf("%d\n", i);
12      }
13      return 0;
14  }
```

从特定的数扩展到序列时，要特别注意语句块的存在。第 7 ～ 11 行代码是一个整体，需要使用大括号进行界定，否则，表达的意思就像下面的代码所示，只有第 2 行代码执行了循环操作，这显然不是预期的。

```
for (i=100; i<=999; i++)
    a = i/100;
```

```
        b = i/10%10;
        c = i%10;
    if (i==a*a*a+b*b*b+c*c*c)
        printf("%d\n", i);
```

4.4　三种基本循环结构及运行流程

在 C 语言中，有三种基本的循环结构：for 循环、while 循环和 do-while 循环。前两种从逻辑上是完全等价的，do-while 循环和前两种有细微差别。

下面以计算 1+2+…+100 的和为例，讲述如何完成 for 循环和 while 循环、do-while 循环的相互改写。

最初的求和代码如下：

```
1   int i, sum = 0;
2   for (i=1; i<=100; i=i+1)
3   {
4       sum = sum + i;
5   }
6   printf("%d\n", sum);
```

for 循环的基本表示是 for（表达式 1；表达式 2；表达式 3）。其中表达式 1 可以移到循环体的前面，表达式 3 可以移到循环体的最后位置。上述代码可改写为：

```
1   int i, sum = 0;
2   i = 1;
3   for (; i<=100; )
4   {
5       sum = sum + i;
6       i = i+1;
7   }
8   printf("%d\n", sum);
```

当 for 循环中只存在中间表达式，可以将 for 循环改成 while 循环，代码如下：

```
1   int i, sum = 0;
2   i = 1;
3   while (i<=100)   // 和前面代码相比，只有这一行发生了变化
4   {
5       sum = sum + i;
6       i = i+1;
7   }
8   printf("%d\n", sum);
```

图 4-2 是代码对应的流程图。当适合用 for 循环解决的问题采用 while 循环并配上流程

图后，代码的可读性降低，对于初学者来说，理解难度也增大了很多。for 循环和 while 循环从程序语义上来说，是完全等价的，究竟采用哪种循环，完全取决于程序设计人员的个人偏好。在 Python 语言中，则把 for 循环的功能限制为 for…in 循环，for 循环只能用于需要遍历序列的场合。本书建议读者借鉴 Python 语言的设计思想，在编写 C 语言程序时，将 for 循环限定在适合遍历序列的场合。

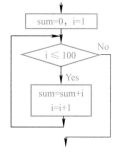

图 4-2　求 1 ～ 100 之和的流程图

把 while 循环改写为 for 循环更简单，上面的代码中，把 while (i<=100) 写成 for(; i<=100;) 就可以了。只不过没有表达式 1 和表达式 3 的 for 循环看着有些别扭，通常表达式 1 用于循环变量的初始化，表达式 3 用于改变循环变量的值。

while 循环改写为 do-while 循环就更为简单了，只需做两件事情：①把 while 移到语句块的最后并添加分号；②在原来的 while 位置写上 do，代码如下：

```
1   int i, sum = 0;
2   i = 1;
3   do
4   {
5       sum = sum + i;
6       i=i+1;
7   } while (i<=100);     // 注意：有分号
8   printf("%d\n", sum);
```

do-while 循环的不同之处可以看下面的两个小程序：

使用 while 循环的程序：

```
1   #include <stdio.h>
2   int main(int argc, char *argv[ ])
3   {
4       int i=101, sum = 0;
5       while (i<=100)
6       {
7           sum = sum + i;
8           i++;
9       }
10      printf("%d\n", sum);
11      return 0;
12  }
```

这个程序的运行结果是 0，这是因为第 5 行的条件不满足，直接跳转到第 10 行输出结果。

使用 do-while 循环的程序：

```
1   #include <stdio.h>
2   int main(int argc, char *argv[ ])
3   {
4       int i, sum = 0;
```

```
5      i = 101;
6      do
7      {
8          sum = sum + i;
9          i++;
10     }
11     while (i<=100);
12     printf("%d\n", sum);
13     return 0;
14 }
```

这个程序的运行结果是101，第7～10行的语句块被执行，然后执行第11行的判断条件，发现条件不满足，就不再重复执行循环体，而是向下执行第12行代码输出结果。

无论条件是否被满足，循环体至少会执行一次，这是 do-while 循环和其他两种循环的差别。

4.5 流程图和 while 循环：3n+1 问题

例 4-4 3n+1 问题。

问 题 说 明	对于任意大于 1 的自然数，若 n 为奇数，则将 n 变为 3n+1，否则变为 n 的一半。经过若干次这样的变换，一定会使 n 变为 1。例如 3 → 10 → 5 → 16 → 8 → 4 → 2 → 1
示 例 输 入	3
示 例 输 出	7

3n+1 问题可以使用流程图来表示，然后将流程图改写为 while 循环，如图 4-3 所示。

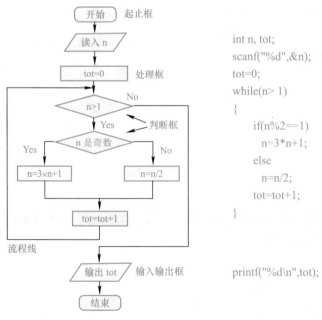

图 4-3 3n+1 问题的流程图和代码对照

变量 tot 是 total 的缩写，所起的作用是计数器，使用前一定要初始化为 0。当 n 不为 1 时，根据 n 的奇偶性变换，每变换一次，计数器递增 1。表达式 n%2==1 用来判断 n 是否为奇数，判断奇偶性也是取余运算的常见应用。

这个程序也可以使用 for 循环来表示，代码如下：

```
for (tot=0; n > 1; tot++)
    n = (n%2==1) ? 3*n+1 : n/2;
```

变量 tot 的初始化放在了 for 循环表达式 1 的位置，计数操作放在了 for 循环表达式 3 的位置。循环体内部的变换操作使用了三元运算符。尽管这样的代码看上去显得很简练，但代码的可读性不如使用 while 循环和 if −else 语句。

4.6　do-while 循环：迭代法求平方根

例 4−5　牛顿法迭代求平方根。

迭代法也称辗转法，是一种不断用变量的旧值递推新值的过程，跟迭代法相对应的是直接法，即一次性解决问题。迭代法又分为精确迭代和近似迭代，"二分法"和"牛顿迭代法"属于近似迭代法。迭代算法是用计算机解决问题的一种基本方法，它利用计算机运算速度快、适合做重复性操作的特点，让计算机对一组指令（或一定步骤）进行重复执行，在每次执行这组指令（或这些步骤）时，都从变量的原值推出它的一个新值。

对于给定的正数 C，应用牛顿法解二次方程，可导出求开方值 C 的计算程序，这种迭代公式对于任意初值（大于 0）都是收敛的。

下面的代码用于求正数 C=15 的平方根，同时还使用了数学库函数 sqrt 的计算结果用于作比较。

```
1   #include <stdio.h>
2   #include <math.h>
3
4   int main(int argc, char *argv[ ])
5   {
6       double C = 15, x, y = 1;
7       do
8       {
9           x = y;
10          y = (x + C/x)/2;
11          printf("%f %f\n", x, y);
12      }
13      while (fabs(x−y)>1E-8);        // 当 x、y 的差值的绝对值不是足够小时
14      printf("iter %.8f\n", y);
15      printf("sqrt %.8f\n", sqrt(C));
16      return 0;
17  }
```

程序的运行结果如下：

1.000000 8.000000
8.000000 4.937500
4.937500 3.987737
3.987737 3.874634
3.874634 3.872984
3.872984 3.872983
3.872983 3.872983
iter 3.87298335
sqrt 3.87298335

从运行结果来看，每迭代一次，y 值越来越接近于目标值。x 是 y 的前一次的迭代结果，经过多次迭代后，y 已经非常接近目标值，同时 y 的前一次迭代结果 x 和 y 也越来越接近。当 x 和 y 的差的绝对值趋向于 0 时，表明精度已经足够高，达到要求的计算精度后，就不再重复执行循环体，结束迭代。

第 13 行使用的 fabs 是求两个浮点数的绝对值，1E-8 是 C 语言中的科学计数法，表示 0.00000001，也就是 $1.0×10^{-8}$。

科学计数法还有个口诀："E 前 E 后必有数，E 后必须为整数"。例如，1E4 表示 $1.0×10^{4}$，3.2E2 表示 $3.2×10^{2}$，也就是 320。大写字母 E 的前面必须有一个数，即使为 1 也要写，E 后的指数必须是整数。

4.7 二重循环：九九乘法表

例 4-6 输出九九乘法表。

输出要求如下：

```
1×1= 1
1×2= 2  2×2=4
1×3= 3  2×3=6   3×3=9
1×4= 4  2×4=8   3×4=12  4×4=16
1×5= 5  2×5=10  3×5=15  4×5=20  5×5=25
1×6= 6  2×6=12  3×6=18  4×6=24  5×6=30  6×6=36
1×7= 7  2×7=14  3×7=21  4×7=28  5×7=35  6×7=42  7×7=49
1×8= 8  2×8=16  3×8=24  4×8=32  5×8=40  6×8=48  7×8=56  8×8=64
1×9= 9  2×9=18  3×9=27  4×9=36  5×9=45  6×9=54  7×9=63  8×9=72  9×9=81
```

乍一看，这个问题还真不容易。不妨先从相对简单的情况入手，如先考虑输出第 5 行，也就是

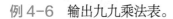

1×5= 5   2×5=10   3×5=15   4×5=20   5×5=25

这时应该很容易写出代码，如下所示：

```c
int j;
for (j=1; j<=5; j++)
    printf("%dx%d=%2d ", j, 5, j*5);
```

```
printf("\n");
```

在这段代码中，出现了数字5，为了向一般情况推广，可以用变量i来替换5，代码如下：

```
1   int i, j;
2   i=5;
3   for (j=1; j<=i; j++)
4       printf("%dx%d=%2d ", j, i, j*i);
5   printf("\n");
```

再回到输出9×9乘法表，只要i遍历序列[1,2,3,…,8,9]，就可以实现乘法表的输出了。注意，上面的第3～5行代码是一个整体，在for循环中要使用大括号来界定。

```
1   int i, j;
2   for (i=1; i<=9; i++)   // i 从 5 扩展到了序列 [1,2,…,9]
3   {
4       for (j=1; j<=i; j++)
5           printf("%dx%d=%2d ", j, i, j*i);
6       printf("\n");
7   }
```

这个例子中，第2行的for循环称为外循环，第4行的for循环称为内循环。通常情况下，一般使用i、j、k作为循环变量。

序进原理是指有步骤地递进呈现知识和经验，组织好从简单到复杂的有序累积过程，能降低学习曲线的陡峭程度。输出九九乘法表的程序采用了序进原理来呈现代码的编写过程：先考虑简单情况，然后用i值替换掉特殊值5，再通过将单个值扩展到整个序列，从而完成最终目标。

下面的代码使用了三元运算符？：对上述代码进行了简化，如果是每一行的最后一个数（i==j），则输出结果和换行符，否则输出结果和空格。

```
1       int i, j;
2       for (i=1; i<=9; i++)
3           for (j=1; j<=i; j++)
4               printf((i==j)?"%dx%d=%2d\n":"%dx%d=%2d ", j, i, j*i);
```

4.8　多重循环：水仙花数

例 4-7　水仙花数 2。

前面第4.3节的程序是从分拆三位数为3个一位数的角度来求出水仙花数的，还可以从组合3个一位数为三位数的角度来求水仙花数。

```
a [1…9]   b [0…9]   c [0…9]   /* a 是百位数，不可能为 0 */
i = 100*a+10*b+c
if (i==a*a*a+b*b*b+c*c*c)
print i
```

第2～4行是语句块。

将序列表示改写成 for 循环表示，可以得到下面的代码：

```
1   #include <stdio.h>
2
3   int main(int argc, char *argv[ ])
4   {
5       int a, b, c, i;
6       for (a=1; a<10; a++)
7           for (b=0; b<10; b++)
8               for (c=0; c<10; c++)
9               {
10                  i = 100*a+10*b+c;
11                  if (i==a*a*a+b*b*b+c*c*c)
12                      printf("%d\n", i);
13              }
14      return 0;
15  }
```

4.9　改变循环执行流程：break 和 continue

for 循环还可以表示无穷序列，如 for (i=1;　; i=i+2) 表示的是奇数序列。在这种情况下，岂不是永远执行不完循环了吗？先来看一个例子。

例 4-8　爱因斯坦的数学题。

有一条长阶梯，若每步跨 2 阶，则最后剩一阶；若每步跨 3 阶，则最后剩 2 阶；若每步跨 5 阶，则最后剩 4 阶；若每步跨 6 阶，则最后剩 5 阶；只有每次跨 7 阶，最后才正好一阶不剩。请问这条阶梯共有多少阶？

本例有多个答案，只需要输出其中的最小值。

最简单的思路是从正整数序列中逐个去判断，直到找到符合要求的数为止。代码如下：

```
1   #include <stdio.h>
2   int main(int argc, char *argv[ ])
3   {
4       int i;
5       for (i=1;　; i++)
6           if (i%2==1 && i%3==2 && i%5==4 && i%6==5 && i%7==0)
7               break;
8       printf("%d\n",i);    /* 结果是 119 */
9       return 0;
10  }
```

第 6 行用到了运算符 &&，表示"并且"。另一个常用的运算符 ||（两个 |，通过键盘上 <Enter> 键下方的 <Shift> 键和上方的 <|> 键来输入），表示或者。当满足第 6 行

的条件后，执行第 7 行的 break 语句。顾名思义，break 的意思是中止，更准确地说，是中止本次循环。

当 i 遍历到 119 时，第 6 行的条件成立，执行 break 语句中止循环，此时 i=119，跳转到第 8 行输出，所以输出结果就是 119。

除了 break 可以改变循环流程外，还有 continue 也可以改变循环流程。

例 4-9　统计区间平方数。

统计 1000 ～ 10000 之间平方数的个数（包含 1000 和 10000），如 1024 是 32 的平方，1600 是 40 的平方，1024 和 1600 就是平方数。

```
1    #include <stdio.h>
2    int main(int argc, char *argv[ ])
3    {
4        int count = 0, i;
5        for (i=1; i<=100; i++)
6        {
7            if (i*i<1000) continue;
8            count++;
9        }
10       printf("%d\n", count);
11       return 0;
12   }
```

continue 的作用是跳过循环体后面的语句，直接进入下一次循环。continue 完全可以使用 if-else 语句替换，如下所示：

```
1    for (i=1; i<=100; i++)
2    {
3        if (i*i>=1000)
4        {
5            count++;
6        }
7    }
```

使用 continue 的作用是减少了一层 if-else 的嵌套。continue 语句在 C 语言程序中的出镜率远远不如 break 语句，在一些编程语言中甚至没有这个关键字。

4.10　while 典型结构：读取比较二合一 *

例 4-10　计算所有输入的整数之和（随意输入一些整数，最后输出所有这些数的和）。

在 Windows 平台下，结束输入是按 <Ctrl+Z> 组合键，表示文件结束符 EOF。在 Linux/UNIX/macOS 平台下是按 <Ctrl+D> 组合键。

3 4 5
6 7
−7
−6
1 2
^Z

对于这样的问题，有一个常用的写法，如下所示：

```
1  #include <stdio.h>
2  int main(int argc, char *argv[ ])
3  {
4      int n, sum = 0;
5      while (scanf("%d", &n)==1)
6          sum += n;                    //  sum = sum + n;
7      printf("%d\n", sum);
8      return 0;
9  }
```

第 5 行 while 语句中的表达式具有多重功能：读取并比较。scanf 函数实现了读取输入给 n，同时 scanf 函数是有返回值的，返回值是读取成功的数量。

例 4−11   计算若干组 A+B 的和。

如下所示，每行输入两个整数，最后按 <Ctrl+Z> 或 <Ctrl+D> 组合键来结束。

3 4
6 7
−1 −2
−6 −8
^Z

同样可以使用 while 的读取比较二合一的结构来实现，代码如下：

```
1  #include <stdio.h>
2  int main(int argc, char *argv[ ])
3  {
4    int a, b;
5    while (scanf("%d%d", &a, &b)==2)
6        printf("%d\n", a+b);
7    return 0;
8  }
```

当在命令行窗口运行这个程序并输入样例数据时，会看到下面的显示结果：

3 4
7
6 7
13
−1 −2
−3
−6 −8
−14

看上去貌似是交互式的运行程序。这是因为当输入两个整数并按 <Enter> 键后，才能执行完 scanf 语句，输出结果。然后接着输入，程序再次输出。scanf 函数会等待用户的输入。

如果把所有准备好的输入一次性地放入文件 in.txt，将程序文件保存为 aplusb.c，并完成编译，在命令行下面执行命令：

aplusb < in.txt > out.txt

打开文件 out.txt，就可以看到所有结果都在文件中。这个程序运行看上去是交互式的，是因为终端既是输入，也是输出，输入输出混合在一起，看起来就像是交互式的。

更常用的 while 结构往往是用于处理字符，下面的程序用于复制文件，代码如下：

```
1   #include <stdio.h>
2
3   int main(int argc, char *argv[ ])
4   {
5       int c;
6       while ((c = getchar( )) != EOF)
7           putchar(c);
8       return 0;
9   }
```

将这个文件命名为 copydemo.c，并完成编译，在命令行下面运行下列语句：

copydemo < copydemo.c > copydemo2.c

这样就把文件 copydemo.c 复制为 copydemo2.c。

如果不使用二合一结构，代码可以写成下面这样的形式：

```
1   #include <stdio.h>
2
3   int main(int argc, char *argv[ ])
4   {
5       int c;
6       c = getchar( );
7       while (c != EOF)
8       {
9           putchar(c);
10          c = getchar( );
11      }
12      return 0;
13  }
```

这两段代码功能完全一样，只是最后这一段没有之前的代码显得紧凑和凝练。

 习　题

1. 编写程序，求 1～n 之间所有奇数的和（P1307），n 由键盘输入。例如，1～8 之间所有奇数为 1、3、5、7，这些数的和是 16。

2. 编写程序，求 m 和 n 之间所有能被 3 整除的数之和（P1308），输入自然数 m 和 n（m<n），求这两个数之间（包含 m 和 n）所有能被 3 整除的数之和。例如，m=20、n=30，这两个数之间所有能被 3 整除的数为 21、24、27、30，这些数的和为 102。

3. 编写程序，计算等差输入前 n 项的和（P1057），等差数列为 2，5，8，11，…，n 由键盘输入，当 n 为 3 时，前三项为 2、5、8，应该输出 15。

4. 编写程序，求 1 ~ n 的平方和（P1105），也就是 $1^2+2^2+3^2+\cdots+n^2$ 之和，n 由键盘输入，不超过 100。当 n=3 时，结果是 14。

5. 编写程序，求 1 ~ n 的立方和（P1160），也就是 $1^3+2^3+3^3+\cdots+n^3$ 之和，n 由键盘输入，不超过 100。当 n=3 时，结果是 36。

6. 编写程序，求出所有独特平方数（P1364）。3025 这个数具有一种独特的性质：将它平分为两段，即 30 和 25，使之相加后求平方，即 $(30+25)^2=55^2=3025$，恰好为本身。请求出具有这样性质的全部四位数。

7. 编写程序，求二元一次方程 2x+5y=100 的所有正整数解（P1159）。通常二元一次方程有无穷多个解，但在限定了条件后，如本题中限定了 x 和 y 必须是正整数，解的个数就是有限的。输出该方程的所有解，每行输出一组解，两个数之间以空格来分隔。

第 5 章
算法和程序设计

Chapter 05

5.1 程序 = 算法 + 数据结构

1975 年，著名的瑞士计算机科学家、Pascal 语言的发明人、1984 年图灵奖获得者沃思（Niklaus Emil Wirth）教授（见图 5-1）出版了 *Algorithms + Data Structures = Programs* 一书，提出一个经典公式：

算法 ＋ 数据结构 ＝ 程序

Algorithms + Data Structures = Programs

图 5-1 沃思

直到今天，这个公式对于面向过程的程序开发来说依然是适用的。

从程序设计的角度来看，每个问题都涉及两个方面的内容：数据和操作。"数据"泛指计算机要处理的对象，包括数据的类型、数据的组织形式和数据之间的相互关系，这些又被称为"数据结构"（data structure）；"操作"是指处理的方法和步骤，也就是算法（algorithm）。

算法反映了计算机的执行过程，是对解决特定问题的操作步骤的一种描述；数据结构是对参与运算的数据及它们之间关系所进行的描述，算法和数据结构是程序的两个重要方面，好的算法又常常依赖于好的数据结构。事实上，程序就是在数据的某些特定的表示方式和结构的基础上对抽象算法的具体描述。因此，编写一个程序的关键就是合理的组织数据和设计好的算法。

计算机算法可分为两大类别：数值运算算法和非数值运算算法。数值运算的目的是求数值解，如求方程的根、求一个函数的定积分等，都属于数值运算范围。非数值运算包括的面十分广泛，最常见的是用于事务管理领域，如对一批职工按姓名排序、图书检索、人事管理和行车调度管理等。目前，计算机在非数值运算方面的应用远远超过了在数值运算方面的应用。

常见的算法有二分搜索（binary search）、快速排序（quick sort）、分治（divide conquer）、宽度优先搜索（breadth first search）、深度优先搜索（depth first search）、回溯法（backtracking）、动态规划（dynamic programming）等。

常见的数据结构有栈（stack）、队列（queue）、链表（linked list）、数组（array）、

哈希表（hash table）、二叉树（binary tree）、堆（heap）、并查集（union find）等。

在 C 语言标准库中，仅提供了两个和算法相关的函数：二分搜索函数 bsearch 和快速排序函数 qsort。

5.2　算法的五大特点

一个算法应具有以下特点：

（1）有穷性

算法必须保证执行有限步之后结束。事实上，"有穷性"往往指"在合理的范围之内"。如果让计算机执行一个历时 1000 年才结束的算法，这虽然是有穷的，但超过了合理的限度，人们也不把它视为有效算法。

（2）确定性

算法中的每一个步骤都应当是确定的，而不应当是含糊的、模棱两可的，也就是要求必须有明确的含义，不允许存在二义性。例如，"将成绩优秀的同学名单打印输出"，在这一描述中，"成绩优秀"这种描述方式就很不明确，是指每门功课的成绩必须在 90 分以上还是在 85 分以上？不明确。算法的含义应当是唯一的。

（3）有效性（可行性）

有效性也叫可执行性。算法中描述的每一步操作都应该能有效地执行，并得到确定的结果。例如，当 y=0 时，x/y 是不能有效执行的。

（4）有 0 个或多个输入

输入是指在执行算法时需要从外界获得的必要信息。一个算法可以有 0 个或多个输入数据。例如，求水仙花数就无需输入数。

（5）有输出

算法的目的是求解，算法得到的结果就是算法的输出。没有输出的算法是毫无意义的。

5.3　算法的表示

为了表示一个算法，可以用不同的方法。常用的方法有：流程图、N-S 结构化流程图和伪代码等。伪代码是用介于自然语言和计算机语言之间的文字和符号来描述算法，由于方便易用，软件专业人员一般习惯用伪代码，关于伪代码的使用可以参考本书第 6.5 节"模拟：奇数阶魔方（从伪代码到 C 语言）"。本节重点介绍流程图和 N-S 结构化流程图。

5.3.1　流程图

流程图是用一些图框来表示各种操作。用图形表示算法，直观形象，易于理解。美国国家标准化协会（American National Standard Institute，ANSI）规定了一些常用的流程图符号（见表 5-1），已被世界各国程序员普遍采用。

表 5-1　常用的流程图符号

符　　号	符号名称	含　　义
⬭	起止框	表示算法的开始和结束
▱	输入输出框	表示输入 / 输出操作
▭	处理框	表示对框内的内容进行处理
◇	判断框	表示对框内的条件进行判断
↓　→	流程线	表示流程的方向
◯	连接点	通常用于换页处，表示两个具有同一标记的"连接点"应连接成一个点

从图 4-3 所示的流程图可以看出，一个流程图包括以下几个部分：

1）表示相应操作的框。

2）带箭头的流程线。

3）框内外必要的文字说明。

5.3.2　N-S 流程图

既然用基本结构的顺序组合可以表示任何复杂的算法结构，那么，基本结构之间的流程线就属多余的了。1973 年，美国学者 Issac Nassi 和 Ben Shneiderman 提出了一种新的流程图形式。在这种流程图中，完全去掉了带箭头的流程线，全部算法写在一个矩形框内，在该框内还可以包含其他从属于它的框，这种流程图又称 N-S 结构化流程图（Nassi-Shneiderman Diagram，N 和 S 是两位美国学者的英文姓氏的首字母）。这种流程图适合结构化程序设计，因而很受欢迎。

顺序结构和选择结构的 N-S 图如图 5-2 所示，其中的 A 框或 B 框既可以是一个简单的操作，也可以是 3 种基本结构之一。

当型循环（while）和直到型循环的 N-S 图如图 5-3 所示。

图 5-2　顺序结构和选择结构的 N-S 图　图 5-3　当型循环（while）和直到型循环的 N-S 图

5.3.3　思维导图

思维导图（The Mind Map）是表达发散性思维的有效图形思维工具。思维导图体现了层级关系，也可以用于表达程序的结构。

相较于流程图和 N-S 流程图，使用思维导图的优势是绘制的便捷性。支持绘制思维导图的工具非常多，如腾讯文档、飞书、语雀、百度脑图、印象笔记等，专业工具有 XMind、MindNode 等。思维导图的优势还有结点可灵活扩展或者关闭，可以采用不同形式

（括号图、大纲、矩阵图、树形表格等）展现同样的内容。例如，奇数阶魔方的思维导图的括号图形式如图 5-4 所示。

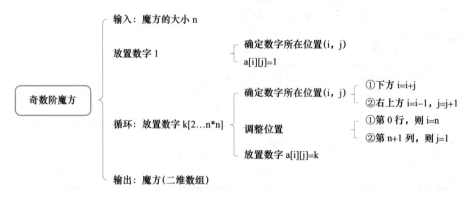

图 5-4　奇数阶魔方的思维导图的括号图形式

在分支结构的每个分支前，添加了顺序号，这样就能把分支结构和顺序结构区分开。使用工具很容易实现不同形式的思维导图的转换。例如，奇数阶魔方的思维导图的大纲形式如图 5-5a 所示，奇数阶魔方的思维导图的矩阵图形式如图 5-5b 所示。

奇数阶魔方

- 输入：魔方的大小 n
- 放置数字 1
  - 确定数字所在位置 (i, j)
  - a[i][j] = 1
- 循环：放置数字k [2...n*n]
  - 确定数字所在位置 (i, j)
    - ① 下方 i = i + 1
    - ② 右上方 i = i-1, j = j+1
  - 调整位置
    - ① 第 0 行，则 i = n
    - ② 第n+1列，则 j=1
  - 放置数字 a[i][j] = k
- 输出：魔方(二维数组)

a)

奇数阶魔方		
输入：魔方的大小 n		
放置数字 1	确定数字所在位置 (i, j)	
	a[i][j] = 1	
循环：放置数字k [2...n*n]	确定数字所在位置 (i, j)	① 下方 i = i + 1 ② 右上方 i = i-1, j = j+1
	调整位置	① 第 0 行，则 i = n ② 第n+1列，则 j=1
	放置数字 a[i][j] = k	
输出：魔方(二维数组)		

b)

图 5-5　奇数阶魔方的思维导图的不同形式

a）大纲形式　b）矩阵图形式

5.4　程序设计方法

5.4.1　程序设计的一般步骤

程序设计就是针对给定问题进行设计、编写和调试计算机程序、建立文档的全过程。从确定问题到最后解决问题，一般经历以下几个工作阶段：

（1）问题分析

对于问题要进行认真的分析，研究所给定的条件，分析最后应达到的目标，找出解决问题的规律，选择解题的方法。在此过程中可以忽略一些次要的因素，使问题抽象化，如用数学公式表示问题的内在特性。

（2）设计算法

根据选取的数学模型和确定的方案，设计出具体的操作步骤，并通过流程图将确定的算法清晰、直观地表示出来。

（3）编写程序

选择合适的开发平台和程序设计语言，编写出源程序。

（4）调试运行程序

将源程序编译、链接，得到可执行程序，然后运行程序，得到运行结果。然而，能得到运行结果并不意味着程序正确，还要对程序进行测试。所谓测试，就是设计多组测试数据，检查程序对不同数据的运行情况，从中尽量发现程序中存在的漏洞，并修改程序，使之能适用于各种情况。

（5）建立文档资料

许多程序是提供给别人使用的，如同销售的产品应当提供产品说明书一样，正式提供给用户使用的程序，必须向用户提供程序说明书（也称为用户文档）。内容应包括：程序名称、程序功能、运行环境、程序的安装和启动、需要输入的数据，以及使用注意事项等。程序文档是软件的一个重要组成部分，软件是计算机程序和程序文档的总称。

作为一名程序开发人员，要想设计好一个程序，不仅要掌握程序设计语言本身的基本结构和语句，还要学习程序设计的方法和技巧，并通过程序设计的实践，不断地发现、总结其规律，从而进一步提高程序设计的能力。

5.4.2 结构化程序设计方法

结构化程序设计（structured programming）思想产生于20世纪60年代，其概念最早由荷兰计算机科学家狄克斯特拉（E. W. Dijikstra）（图 5-6）在 1965 年提出，是软件发展的一个重要的里程碑。它的主要观点是采用自顶向下、逐步求精及模块化的程序设计方法；任何程序都可由顺序、选择、循环 3 种基本控制结构构造。

图 5-6　狄克斯特拉

结构化程序设计主要强调的是程序的易读性，保证程序的质量，降低软件成本，从而提高软件生产和维护的效率。

结构化程序设计的基本思路是把一个复杂问题的求解过程分阶段进行，每个阶段处理的问题都控制在人们容易理解和处理的范围内。具体地说，采取以下方法来保证得到结构化的程序：

（1）自顶向下

自顶向下是指模块的划分要从问题的顶层向下逐层分解、逐步细化，直到底层模块的功能达到最简单。

（2）逐步求精

逐步求精是指在将抽象问题分解成若干个相对独立的小问题时，要逐级地由抽象到具体、由粗到细、由表及里进行细化，直到将问题细化到可以用程序的3种基本结构来实现为止。

（3）模块化设计

模块化设计是指将一个复杂的问题或任务分解成若干个功能单一、相对独立的小问题来进行设计，每个小问题就是一个模块。每个模块是一组由3种基本结构组成的程序。模块一定要简单、功能独立，这样才能使程序具有一定的灵活性和可靠性。

（4）结构化编码

结构化编码是指限制使用 goto 语句，这和当时提出结构化程序设计的历史背景有关。在20世纪60年代，计算资源非常宝贵，很多开发人员热衷于使用 goto 语句来提高程序的运行效率，但带来的副作用也很明显：程序的可读性大为降低。后来，G.加科皮尼（Giuseppe Jacopini）和 C.波姆（Corrado Böhm）从理论上证明了"任何程序都可以用顺序、分支和重复结构表示出来"。这个结论表明，从高级程序语言中去掉 goto 语句并不影响高级程序语言的编程能力，而且编写的程序的结构更加清晰。

5.5　C++ 中的标准模板库（STL）*

C 语言以简洁著称，除了快速排序和二分搜索外，ANSI C 标准并不包含基本的数据结构和算法库。如果想要直接使用栈、队列、集合、优先队列等数据结构，可以考虑使用 C++ 中的标准模板库。

STL（Standard Template Library）即标准模板库，是一个具有工业强度的、高效的 C++ 程序库。它是由 Alexander Stepanov、Meng Lee 和 David R. Musser 在惠普实验室工作时开发出来的。它被容纳于 C++ 标准程序库（C++ Standard Library）中，是 ANSI/ISO C++ 标准中极具革命性的一部分。该库包含了诸多在计算机科学领域里所常用的基本数据结构和基本算法，为广大 C/C++ 程序员提供了一个可扩展的应用框架，高度体现了软件的可复用性。

STL 的一个重要特点是数据结构和算法的分离，这种分离确实使得 STL 变得非常通用。例如，由于 STL 的 sort() 函数是完全通用的，因此可以用它来操作几乎任何数据集合，包括链表、容器和数组。

STL 的另一个重要特性是它不是面向对象的。为了具有足够通用性，STL 主要依赖于模板而不是 OOP（Object Oriented Programming）的3个要素——封装、继承和虚函数（多态性）。在 STL 中是找不到任何明显的类继承关系的，这好像是一种倒退，但这正好是使得 STL 的组件具有广泛通用性的底层特征。另外，由于 STL 是基于模板的，内联函数的使用使得生成的代码短小高效。

从逻辑层次来看，在 STL 中体现了泛型化程序设计的思想（generic programming）。与 OOP 中的多态（polymorphism）一样，泛型也是一种软件的复用技术。

从实现层次看，整个 STL 是以一种类型参数化（type parameterized）的方式实现的，这种方式基于一个在早先 C++ 标准中没有出现的语言特性——模板（template）。除此之外，还有许多 C++ 的新特性为 STL 的实现提供了方便。

下面以集合（set）的使用为例来展示 STL 的使用。

例 平方末尾。

能够表示为某个整数的平方的数字称为"平方数"，如 25、64。虽然通常无法立即说出某个数是平方数，但经常可以断定某个数不是平方数。因为平方数的末位只可能是：[0，1，4，5，6，9] 这 6 个数字中的某个。所以，4325435332 必然不是平方数。

如果给出一个两位或两位以上的数字，那么能根据其末位的两位来断定它不是平方数吗？请计算一下，一个两位以上的平方数的最后两位有多少种可能性？（来源：2016 年第 7 届蓝桥杯程序设计大赛全国总决赛 C/C++ 大学 C 组第 1 题，Java 大学 C 组第 1 题）

简要分析：任何大于 100 的数都可以表示为 $n \times 100 + i$，其平方就是 $10000 \times n^2 + 200 \times n \times i + i^2$，所以 $n \times 100 + i$ 的平方与 i 的平方的后两位相同，因此只需要计算 100 以内的自然数的平方即可。把 1 ~ 100 之间所有自然数的平方的后两位加入集合中，利用集合本身的自动去重的特点，就很容易获得答案。代码如下所示：

```
1   #include <cstdio>
2   #include <set>
3   using namespace std;
4
5   int main(void)
6   {
7       set<int> si;                // 创建空集合
8       for (int i=1; i<=100; i++)
9           si.insert(i*i%100);     // 添加后两位到集合中
10      printf("%d\n", si.size( )); // 输出集合的大小，结果是 22
11      return 0;
12  }
```

习 题

1. 说明"程序 = 算法 + 数据结构"的含义。
2. 举例说明算法的 5 大特点。
3. 说明程序设计的一般步骤。
4. 画出迭代法求平方根的流程图。

第6章
批量数据的处理——数组

Chapter 06

6.1 初识数组：从一组数中找出最大值

在实际问题中,经常需要处理大量数据,如统计班级学生的各科成绩、存放商品每个月的销售量和销售额等。为了处理方便,C 语言把具有相同类型的若干变量按有序的形式组织起来。在程序设计中,这些按序排列的同类数据元素的集合称为数组。

在 C 语言中,数组属于构造数据类型,一个数组由多个数组元素组成,这些数组元素可以是基本数据类型或是构造类型（结构体类型）。按数组元素的类型不同,数组又可分为数值数组、字符数组、指针数组、结构数组等。本章主要介绍整型类型数组,其余的在以后各章陆续介绍。

和普通变量一样,数组中的所有变量也必须先定义后使用。

一维数组的定义方式如下:

类型说明符 数组名 [常量表达式];

类型说明符是任意一种基本数据类型或构造数据类型,数组名是用户定义的数组标识符,方括号中的常量表达式表示数据元素的个数,也称为数组的长度。例如:

int a[3];   声明整型数组 a,有 3 个元素。
double b[10], c[20];   声明双精度浮点数组 b 和 c,分别有 10 个和 20 个元素。
char s[20];   声明字符数组 s,有 20 个元素。

需要特别注意的是,绝大多数的程序设计语言（包括 C 语言在内）,数组的下标是从 0 开始的,因此数组 a 的 3 个元素分别为 a[0]、a[1]、a[2]。

下面通过一个小示例来理解数组的应用。

例 6-1　从一组数中找出最大值。

如下所示,从下面的 6 个数中选出的最大值为 9。

```
1 4 6 9 2 3
9
```

先回顾一下从 3 个数中选出最大值的程序:

```
1   #include <stdio.h>
2   int main(int argc, char *argv[ ])
3   {
4       int a, b, c, max;
5       scanf("%d%d%d",&a,&b,&c);
6       max = a;
7       if (b>max) max = b;
8       if (c>max) max = c;
9       printf("%d\n", max);
10      return 0;
11  }
```

如果换成数组表示，可以写成这样：

```
1   #include <stdio.h>
2   int main(int argc, char *argv[ ])
3   {
4       int a[3], max;
5       scanf("%d%d%d",&a[0],&a[1],&a[2]);
6       // scanf("%d%d%d",a+0,a+1,a+2); 这是另一种写法
7       max = a[0];
8       if (a[1]>max) max = a[1];
9       if (a[2]>max) max = a[2];
10      printf("%d\n", max);
11      return 0;
12  }
```

第 4 行声明了可以保存 3 个整数的数组 a，再次强调，包括 C 语言在内的绝大多数编程语言的数组编号是从零开始的。数组 a 包含了 3 个整数 a[0]、a[1]、a[2]。

当把数组元素的个数从 3 扩展到 N 时，第 8 ~ 9 行代码可以写成 if (a[i]>max) max = a[i]，i 遍历 $[0,1,2,\cdots, N-1]$。再转化成 C 语言代码，如下所示：

```
1   #include <stdio.h>
2   #define N 6
3   int main(int argc, char *argv[ ])
4   {
5       int a[N], max, i;
6       for (i=0; i<N; i++)
7           scanf("%d", &a[i]);
8       max = a[0];
9       for (i=1; i<N; i++)
10          if (a[i]>max) max = a[i];
11      printf("%d\n", max);
12      return 0;
    }
```

这段代码中有几个需要注意的地方：

1）第2行定义了符号常量N，经典的C语言（C89标准）只能声明固定大小的数组，如果不确定数组的大小，就按照可能用到的最大空间来定义。

2）数组没有统一的读入方式，只能依次逐个读入。

数组的初始化可以在声明时进行，在声明时可以整体初始化，不能整体赋值。

int a[N]= { 1, 4, 6, 9, 2, 3};　/* N 是符号常量，为 6 */

下面的写法尝试对数组整体赋值，在 C 语言中是不被允许的。

int a[N];　/* N 是符号常量，为 6 */
a[N] = { 1, 4, 6, 9, 2, 3};　　/* C 语言不允许整体赋值 */

从数组中寻找最大值的程序建议的写法是使用下标来定位目标数，代码如下所示：

```
1   #include <stdio.h>
2   #define N 6
3   int main(int argc, char *argv[ ])
4   {
5       int a[N]= { 1, 4, 6, 9, 2, 3};
6       int max, i;
7       max = 0;
8       for (i=1; i<N; i++)
9           if (a[i]>a[max]) max = i;
10      printf("%d\n", a[max]);
11      return 0;
12  }
```

max 不再表示目标数，而是目标数的下标。通过下标很容易找到对应的数，反过来却很困难。

6.2　数组进阶：选择排序法

排序是计算机内经常进行的一种操作，其目的是将一组"无序"的记录序列调整为"有序"的记录序列。常见的排序方法有选择排序、冒泡排序、插入排序、快速排序等。排序算法是数据结构的重要学习内容，这里介绍的是易于理解的选择排序法。

选择排序（由小到大升序）的基本思想是：首先在未排序序列中找到最小数，和待排序序列的第一个数交换位置，完成第1轮的排序，这样第1个数一定是最小的，不再参与之后的排序；然后，再从剩余的未排序序列中继续寻找最小数，和新的未排序序列的第1个数交换位置；以此类推，直到未排序序列仅剩1个数，此时所有数均排序完毕。

表 6-1 是一个具体示例，第 3 行表示第 1 轮排序后的排序结果，下面依此类推。

表 6-1 选择排序法的变化过程

位 置	0	1	2	3	4	5	6	7	操 作
初始序列	70	75	69	32	88	18	16	58	找到最小值 16，和 70 交换
第 1 轮	16	75	69	32	88	18	70	58	找到最小值 18，和 75 交换
第 2 轮	16	18	69	32	88	75	70	58	找到最小值 32，和 69 交换
第 3 轮	16	18	32	69	88	75	70	58	找到最小值 58，和 69 交换
第 4 轮	16	18	32	58	88	75	70	69	找到最小值 69，和 88 交换
第 5 轮	16	18	32	58	69	75	70	88	找到最小值 70，和 75 交换
第 6 轮	16	18	32	58	69	70	75	88	找到最小值 75，和 75 交换
第 7 轮	16	18	32	58	69	70	75	88	待排序序列仅剩 1 个数，排序完毕

下面的程序功能是从位置 0～n-1 这 n 个数中找出最小的数，然后和位置为 0 的数 a[0] 交换，该程序完成了一轮排序。下一轮排序的范围就缩小为从位置 1～n-1 的这 n-1 个数。每完成一轮排序，待排序的数就减少一个。经过 n-2 轮排序，整个序列按由小到大排列。

```
1   #include <stdio.h>
2
3   int main(int argc, char *argv[ ])
4   {
5       int a[8]= {70,75,69,32,88,18,16,58};
6       int j, k, t, n=8;
7       k=0;                        // 假定第 0 个位置的数最小
8       for(j=1; j<n; j++)          // 寻找最小数所在的位置
9           if (a[j]<a[k]) k=j;
10      t=a[k]; a[k]=a[0]; a[0]=t;   // 交换 a[0] 和最小数
11      for (j=0; j<n; j++)
12          printf("%4d", a[j]);
13      printf("\n");
14      // 执行完毕后，第 0 个数最小
15      return 0;
16  }
```

为了让程序更具通用性，将上述代码中的 0 替换为更一般的变量 i，则第 6～10 行代码可以改写如下：

```
int i, j, k, t, n=8;
i=0;
k=i;
for(j=i+1; j<n; j++)   // 寻找最小数所在的位置
    if (a[j]<a[k]) k=j;
t=a[k]; a[k]=a[i]; a[i]=t;
```

执行完毕后，前 i 个数最小，这样就完成了一轮排序。每一轮排序的待排序范围由变量 i 来决定。当 i 从 0 遍历至 n-2 时，就依次使得第 0～第 n-2 个数有序排列。最后剩下一个数，就不必再排序了。把 i=0 扩展为 0～n-2，就有了下面完成的选择排序代码：

```
1   #include <stdio.h>
2   int main(int argc, char *argv[ ])
3   {
4       int a[8]= {70,75,69,32,88,18,16,58};
5       int i, j, k, t, n=8;
6       for (i=0; i<n-1; i++) {
7           k=i;
8           for(j=i+1; j<n; j++)
9               if (a[j]<a[k]) k=j;
10          t=a[k]; a[k]=a[i]; a[i]=t;
11          for (j=0; j<n; j++)
12              printf("%4d", a[j]);
13          printf("\n");
14      }
15      return 0;
16  }
```

6.3 动态申请数组 *

前面提到，经典的 C 语言只能声明固定大小的数组。事实上，C 语言标准和编译器也在变化中。美国国家标准协会（ANSI）在 1989 年发布了 C 语言的标准，简称 C89 标准，也称为 ANSI C。通常把 ANSI C 认为是经典的 C 语言，C99 标准是增强型的 C 语言，C99支持动态数组（变长数组）。下面的代码实现了动态申请数组的功能，其中第 6 行获得数组的大小，第 7 行声明了大小为 n 的数组。这个程序使用 C-Free 的 MinGW 和 Mac 平台上的 GCC 都可以编译并成功运行。

```
1   #include <stdio.h>
2
3   int main(int argc, char *argv[ ])
4   {
5     int n, max, i;
6       scanf("%d", &n);
7       int a[n];                // 声明动态数组
8       for (i=0; i<n; i++)
9           scanf("%d",&a[i]);
10      max = 0;
11      for (i=1; i<n; i++)
12          if (a[i]>a[max]) max = i;
13      printf("%d\n", a[max]);
14      return 0;
15  }
```

上述代码另外一个值得注意的地方就是，声明并没有集中在开始，而是在程序的中间。这也是 C99 标准的一个重要的变化。

需要特别注意的是，在各类考试中，往往以 ANSI C 为评分标准，上述的代码被认为是错误的。

6.4　二维数组：计算方阵对角线元素之和

数组 int a[10] 只有一个下标，称为一维数组。在实际问题中，有很多量是二维的或多维的，C 语言允许构造多维数组。

多维数组元素有多个下标，以标识它在数组中的位置。本节只介绍二维数组，多维数组可由二维数组类推而得到。

下面的代码展示了二维数组的声明、初始化和输出。

```
1   #include <stdio.h>
2   #define M 3   // 行的大小
3   #define N 5   // 列的大小
4   int main(int argc, char *argv[ ])
5   {
6       int a[M][N]= {
7           {3, 8, 1, 5, 9},
8           {2, 6, 5, 2, 5},
9           {5, 7, 4, 5, 3}};
10      int i, j;
11      for(i=0; i<M; i++)
12      {
13          for(j=0; j<N; j++)
14              printf("%4d", a[i][j]);
15          printf("\n");
16      }
17      return 0;
18  }
```

这里使用的二维数组是 3 行 5 列，见表 6-2。类似于一维数组，二维数组的下标也是从零开始的，第一个元素是 a[0][0]，最后一个元素是 a[2][4]，二维数组的输入输出是通过二重循环来实现的。

表 6-2　数组的二维表示

	第 0 列	第 1 列	第 2 列	第 3 列	第 4 列
第 0 行	3	8	1	5	9
第 1 行	2	6	5	2	5
第 2 行	5	7	4	5	3

有些时候，我们希望数组的下标从1开始。此时，对于一维数组，需要多声明一个元素；对于二维数组，需要多声明1行和1列，具体如下所示：

```
1   #include <stdio.h>
2   #define M 3   // 行的大小
3   #define N 5   // 列的大小
4   int main(int argc, char *argv[ ])
5   {
6       int a[M+1][N+1]= {
7           {0},                    // 表示1行
8           {0, 3, 8, 1, 5, 9},
9           {0, 2, 6, 5, 2, 5},
10          {0, 5, 7, 4, 5, 3}};    // 多声明了1行1列
11      int i, j;
12      for(i=1; i<=M; i++)
13      {
14          for(j=1; j<=N; j++)
15              printf("%4d", a[i][j]);
16          printf("\n");
17      }
18      return 0;
19  }
```

程序的输出结果如下，第7行代码是对二维数组的第0行进行初始化，当初始化的元素个数少于定义的每行元素的数量时，编译系统会自动填充0。可以尝试把第9行的5、2、5三个元素删除，看看程序的输出结果。

```
3 8 1 5 9
2 6 5 2 5
5 7 4 5 3
```

例6-2 计算方阵对角线元素之和。

行和列长度相等的矩阵也称为方阵。方阵从左上向右下的直线称为主对角线，如下所示，3、6、4、3、9是位于主对角线上的元素，从右上向左下的直线称为副对角线，9、2、4、0、1是位于副对角线上的元素。本例的要求是分别计算两条对角线上的元素之和。

输入：第一个整数是方阵的大小 N（N ≤ 10），接下来是 N×N 的方阵。

输出：两个整数，分别是主对角线和副对角线上元素之和。

```
5
3 8 1 5 9
2 6 5 2 5
5 7 4 5 3
6 0 5 3 6
1 7 2 5 9
25 16
```

这个问题的主要难点是如何表示副对角线上的元素。可以画个表格，把表示数组的各项填入该表格，如下所示：

```
a[0][0]  a[0][1]  a[0][2]  a[0][3]  a[0][4]
a[1][0]  a[1][1]  a[1][2]  a[1][3]  a[1][4]
a[2][0]  a[2][1]  a[2][2]  a[2][3]  a[2][4]
a[3][0]  a[3][1]  a[3][2]  a[3][3]  a[3][4]
a[4][0]  a[4][1]  a[4][2]  a[4][3]  a[4][4]
```

仔细观察副对角线上元素 a[i][j] 的下标，可以发现 i+j 等于 4，j 可以用 4−i 来表示，推广到一般情况，就是 j = n−1 −i。代码如下：

```
1   #include <stdio.h>
2   #define N 10
3   int main(int argc, char *argv[ ])
4   {
5       int a[N][N];
6       int i, j, n, sum_a = 0, sum_b = 0;
7       scanf("%d", &n);
8       for (i=0; i<n; i++)
9           for (j=0; j<n; j++)
10              scanf("%d", &a[i][j]);        // 二重循环读入方阵
11      for (i=0; i<n; i++)
12          sum_a = sum_a + a[i][i];          // 主对角线的和
13      for (i=0; i<n; i++)
14          sum_b = sum_b + a[i][n−1−i];      // 副对角线的和
15      printf("%d %d\n", sum_a, sum_b);
16      return 0;
17  }
```

如果使用 C99 标准中的变长数组特性，代码如下：

```
1   #include <stdio.h>
2   int main(int argc, char *argv[ ])
3   {
4       int n, i, j, sum_a=0, sum_b=0;
5       scanf("%d", &n);
6       int a[n][n];
7       for (i=0; i<n; i++)
8           for (j=0; j<n; j++)
9               scanf("%d", &a[i][j]);
10      for (i=0; i<n; i++)
11          sum_a = sum_a + a[i][i];
12      for (i=0; i<n; i++)
13          sum_b = sum_b + a[i][n−1−i];
14      printf("%d %d\n", sum_a, sum_b);
15      return 0;
16  }
```

6.5　模拟：奇数阶魔方（从伪代码到 C 语言）*

模拟是计算机的又一大应用。计算机模拟又称为计算机仿真，是指用来模拟特定系统的抽象模型的计算机程序。

计算机模拟的发展与计算机本身的迅速发展是分不开的。它的首次大规模开发是著名的曼哈顿计划中的一个重要部分。在第二次世界大战中，为了模拟核爆炸的过程，人们应用蒙特·卡罗方法用 12 个坚球模型进行了模拟。计算机模拟最初被作为其他方面研究的补充，但当人们发现它的重要性之后，它便作为一门单独的方法被使用得相当广泛。

例 6-3　奇数阶魔方。

幻方有时又称魔方，由一组排放在正方形中的整数组成，其每行、每列以及两条对角线上的数之和均相等。通常幻方由从 1 到 n^2 的连续整数组成。Siamese 方法（由 Kraitchik 在 1942 年提出）是构造奇数阶幻方的一种方法，说明如下：

1）把 1 放置在第一行的中间；

2）从 2 开始直到 n×n 的各数依次放在右上方格中；

3）当右上方格出界的时候，则由另一边回绕。例如，1 在第 1 行，则 2 应放在最下一行，列数同样加 1；

4）如果按上面规则确定的位置上已有数，或上一个数位于最右上方时，则把下一个数放在上一个数的下面，按照以上步骤直到填写完所有方格。

输入：幻方的大小，不超过 20 的奇数。

输出：幻方的组成。

```
5
17 24  1  8 15
23  5  7 14 16
 4  6 13 20 22
10 12 19 21  3
11 18 25  2  9
```

在这个例子中，二维数组的下标从 1 开始。

本例相对之前的例子复杂不少，可以先写出下面的伪代码。

伪代码（pseudocode）是一种算法描述语言。使用伪代码的目的是使被描述的算法可以容易地以任何一种编程语言（Pascal、C、Java 等）实现。因此，伪代码必须结构清晰、代码简单、可读性好，并且类似自然语言，介于自然语言与编程语言之间，以编程语言的书写形式指明算法功能。使用伪代码时，不需要拘泥于具体实现形式。

```
1   确定第一个数 1 的所在位置，也就是下标 i 和 j；
2   在 i 和 j 这个位置放置 1；
3   for（放置 2 ~ n×n 个数）
4   {
5       if (k % n ==1) 下方；
```

```
 6        else 右上方；
 7        if ( 在第 0 行 ) 调整到第 n 行；
 8        if ( 在第 n+1 列 ) 调整到第 1 列；
 9        放置 k 到 a[i][j]；
10    }
11    输出二维矩阵；
```

对应的 C 语言代码实现如下：

```
 1   #include <stdio.h>
 2   #define N  19            // 幻方的大小为奇数，最大是 19
 3
 4   int main(int argc, char *argv[ ])
 5   {
 6       int n, k, i, j;
 7       int a[N+1][N+1]; // 下标从 1 开始，需要多定义 1 行 1 列
 8       scanf("%d", &n);
 9       i= 1; j=(n+1)/2;
10       a[i][j]=1;
11       for (k=2; k<=n*n; k++)
12       {
13           if (k%n==1)
14               i = i+1;
15           else
16           {
17               i = i-1;
18               j = j+1;
19           }
20           if (i==0) i = n;
21           if (j==n+1) j = 1;
22           a[i][j] = k;
23       }
24       for (i=1; i<=n; i++)
25       {
26           for (j=1; j<=n; j++)
27               printf("%4d", a[i][j]);
28           printf("\n");
29       }
30       return 0;
31   }
```

6.6 数组应用举例：统计各类字符的个数

例 6-4   统计各类字符的个数。

统计各个数字、空白符（包括空格符、制表符及换行符）以及所有其他字符出现的次数。

把所有的字符看成是一个文件（键盘输入也被抽象为文件），以文件结束符 EOF 结尾。遍历文件中的每个字符，再一次使用到了 while 的经典结构：读取、赋值再比较。代码如下：

```c
1   #include <stdio.h>
2   #include <ctype.h>
3   #include <string.h>  // 使用 memset 函数
4
5   int main(int argc, char *argv[])
6   {
7       int c, i, nwhite = 0, nothers = 0;    // 存储空白符和其他字符
8       int ndigits[10];
9       memset(ndigits, 0, sizeof(ndigits)); // 数组初始化为 0
10      while ((c = getchar()) != EOF) {      // c 表示当前读取的字符
11          if (isdigit(c)) ndigits[c-'0']++;
12          else if (isspace(c)) nwhite++;
13          else nothers++;
14      }
15      printf("digits=");
16      for (i=0; i<10; i++) printf(" %d", ndigits[i]);
17      printf("\nwhite space = %d, other = %d\n", nwhite, nothers);
18  }
```

上述代码中的函数 isdigit() 用于判断字符是否是数字字符，函数 isspace() 用于判断字符是否是空白字符，这两个函数在 ctype 库。ctype 主要提供两类函数：字符测试函数和字符大小转化函数，这些函数在英文字符处理中应用的很多，都以 int 类型为参数，并返回一个 int 类型的值。很多人在学习 C 语言的时候不太重视这个库，倾向于自己去编写代码。

编程届有一句名言"不要重复造轮子"（Stop Trying to Reinvent the Wheel），意思是写代码的时候，如果出现雷同或相似的片段，就要想办法把它们提取出来，抽象成一段独立的代码。这样做既能降低程序的复杂度，又能减少维护的工作量。建议尽可能使用 C 语言的标准库函数，避免自己写重复代码。

 习 题

1. 编写程序，将数组中的元素逆序存放（P1026）。例如，原有数据为 3、1、9、5、4、8，逆序存放后，数组为 8、4、5、9、1、3。

2. 编写程序，从数组中找出最小的数（P1440）。从 8 个整数中，寻找最小的数并输出。例如，8 个整数为 4、9、12、7、13、88、−6、12，则最小的数为 −6。

3. 编写程序，将数字按照大小插入数组中（P1025）。已有一个按照由小到大已排好序的 9 个元素的数组，今输入一个数，要求按原来排序的规律将它插入数组中。例如，原有数组为 1、7、8、17、23、24、59、62、101，插入数字 50，则新的数组应该是 1、7、8、17、23、24、50、59、62、101。

4. 杨辉三角形（P1095），又称贾宪三角形、帕斯卡三角形，是二项式系数在三角形中的一种几何排列。杨辉三角形同时对应于二项式定理的系数，n 次的二项式系数对应杨辉三角形的 n+1 行。试编程实现这一对应关系。

第 7 章
模块化设计——函数

7.1 函数的基本知识

模块化设计就是将要解决的问题分解为多个子问题，然后用独立的代码模块（如函数、类、API 等）解决求解各个子问题，最后将所有模块组织成一个复杂系统的问题求解过程。在模块化设计过程中，要尽可能使模块能够被其他业务场景所利用，提高模块的可重用性（可复用性）。C 语言使用函数来实现代码的封装和功能复用，以此支持模块化设计。

项目管理学科使用 WBS（Work Breakdown Structure）计划分解工具，把大任务分解成小任务，把复杂任务分解为简单任务，实现多人协同推进。这和模块化设计有异曲同工之妙。

1. 库函数和自定义函数

在前面的章节中，我们使用了 printf、putchar、puts 等函数实现了输出显示的功能，使用了数学库中的函数 sqrt 来计算平方根。这些由 C 语言提供的函数称为库函数（library function）。在程序设计中，建议只使用 ANSI 标准定义的库函数，这会使程序具有良好的通用性。标准库函数分门别类地放在了不同的头文件中，使用时只要引入对应的头文件即可。

C 语言不仅提供了丰富的库函数，还允许用户建立自己定义的函数，称为自定义函数（user-defined function）。用户可把自己的算法编成一个个相对独立的函数模块，然后就可以像使用库函数一样来使用自定义函数。

2. 函数的定义和函数调用

函数的使用步骤为：先声明，再定义，然后才能调用。

图 7-1 是求两个整数的较大值的程序，其中自定义了一个函数 max2，左侧和右侧的代码都是可行的。在左侧的程序中，由于函数 max2 的定义出现在主函数 main 之后，就需要在 main 函数之前编写函数声明语句，注意声明语句需要以分号结尾。在右侧的程序中，函数 max2 的定义出现在 main 函数之前，可以省略函数声明。

函数声明

函数调用

函数定义

实际参数

形式参数

```
#include <stdio.h>

int max2(int x, int y);

int main(void)
{
    int max;
    max = max2(3, 4);
    printf("%d\n", max);
    return 0;
}

int max2(int x, int y)
{
    int max = x;
    if (y>max) max = y;
    return max;
}
```

自定义函数 max2 的定义出现在 main 函数之前，可以省略函数声明

```
#include <stdio.h>


int max2(int x, int y)
{
    int max = x;
    if (y>max) max = y;
    return max;
}


int main(void)
{
    int max;
    max = max2(3, 4);
    printf("%d\n", max);
    return 0;
}
```

图 7-1　函数的定义和函数调用

当程序中自定义的函数较多时，推荐使用左侧的写法；当程序中自定义函数较少时，可以使用右侧的写法。

3. 形式参数和实际参数

在函数定义中出现的参数，如图 7-1 中的 x 和 y，称为形式参数，简称形参。在调用函数时出现的参数，如图 7-1 中的 3 和 4，称为实际参数，简称实参。实参还可以是变量或表达式。

4. 函数的基本结构

函数的基本结构如下所示：

```
返回类型　函数名称（参数列表）
{
    函数体
}
```

如图 7-2 所示，以函数 max2 为例，函数的返回类型是整数类 int，函数名是 max2，参数列表中有两个参数 x 和 y，返回类型、函数名称和参数列表构成了函数头部。大括号｛ ｝界定的复合语句称为函数体，或者称为函数实现。

返回类型　函数名称　参数列表

函数头部

函数体

```
int max2(int x, int y)
{
    int max = x;
    if (y>max) max = y;
    return max;
}
```

图 7-2　函数的基本结构

7.2　函数的调用过程

C 语言程序的执行都是从主函数 main 开始的，一个程序中有且只有一个 main 函数。下面以求两个整数的较大值程序为例，来分析函数的调用过程。

1）程序从 main 函数开始执行，遇到语句“max = max2（3，4）”后，暂停执行。

2）程序把实际参数 3 和 4 传递给 max2 中的形式参数 x 和 y。

3）执行函数 max2 中的语句，遇到“return max”，则结束运行 max2。

4）max2 的返回值 4 被赋值给变量 max，继续执行主函数中余下的语句。

5）主函数执行到 "return 0" 语句后，则结束运行 main 函数，整个程序运行完毕。

程序的运行过程如图 7-3 所示。

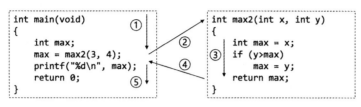

图 7-3　程序的运行过程

通常把调用其他函数的函数称为主调函数，如 main 函数，被调用的函数称为被调函数，如 max2 函数。同一个函数有可能既是主调函数，也是被调函数，如下面代码中的第 1 个 max2 函数。

```
max = max2(max2(3,5), 4);
```

在 C-Free 5.0 中，可以开启调试模式，来观察程序的运行过程，如图 7-4 所示。具体步骤如下：

图 7-4　在 C-Free 5.0 中调试函数

步骤 1：将光标移到语句 "max = max2（3，4）" 所在行，选择【调试】→【设置 / 取消断点】选项或者直接按 <F10> 快捷键，设置断点，效果如图 7-5 所示。

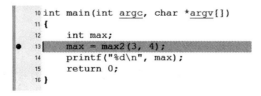

图 7-5　设置断点

步骤 2：选择【调试】→【开始调试】选项或者直接按 <F9> 快捷键，开始调试，如图 7-6 所示。

步骤 3：程序运行到断点所在位置，等待指示。此时，菜单【调试】也发生了变化，如

图 7-7 所示。

图 7-6 在 C-Free 中执行调试的命令

图 7-7 调试函数的两种执行路径

步骤 4：按 \<F7\> 快捷键，程序跳转到 max2 函数内，如图 7-8 所示。

```
3 int max2(int x, int y)
4 {
5     int max = x;
6     if (y>max) max = y;
7     return max;
8 }
```

图 7-8 进入函数调试

步骤 5：多次按 \<F7\> 快捷键，执行完 return 语句后，程序跳转回 main 函数。

步骤 6：多次按 \<F7\> 快捷键，程序继续往下执行，直到遇到 return 0 语句，结束整个程序的运行。

7.3 编写自定义函数：分段函数

下面通过前面的一个例子来介绍如何编写自定义函数。

例 7-1 简单分段函数的求值。

分段函数如下：

$$y=\begin{cases} x & (x<1) \\ 2x-1 & (1 \leqslant x<10) \\ 3x-11 & (x \geqslant 10) \end{cases}$$

沿用数学中最常用的用法，将函数名称定义为 f，这里的分段函数有 1 个输入，1 个输出，输出的返回类型是 int。

自定义的函数以及该函数调用的 C 语言代码如下所示：

```
1  #include <stdio.h>
2
3  int f(int x)
```

```
4  {
5      int y;
6      if (x<1) y=x;
7      else if(x<10) y=2*x-1;
8      else y=3*x-11;
9      return y;
10 }
11
12 int main(int argc, char *argv[ ])
13 {
14     int n;
15     scanf("%d", &n);
16     printf("%d\n", f(n));
17     return 0;
18 }
```

第3～10行代码是自定义的函数 f，main 函数的构成可以分为声明、输入、计算、输出。绝大部分自定义函数的结构也是如此，在形式上有所变化，输入不再来自于 scanf 函数，而是来自参数传递，也就是函数名称的括号内部分，来自于参数的变量不需要在函数内部再次声明，计算部分没有变化，输出很少使用 printf，而是采用 return，也就是返回计算结果。

C 语言中的函数可以没有返回值，也可以有一个返回值。如果想返回多个值，则需要通过数组、指针、结构体、地址传递等方式来完成。

函数除了模块化设计外，在某些情况下，还可以起到简化逻辑判断的作用。上面的自定义函数还可以简化如下：

```
1  int f(int x)
2  {
3      if(x<1) return x;
4      if(x<10) return 2*x-1;
5      return 3*x-11;
6  }
```

return 语句除了具有返回值的作用外，还具有 break 的功能，也就是改变程序运行流程。上面的函数，如果传递的参数 x=0，则满足第 3 行的条件，直接执行 return x 语句，函数的功能实现，下面的语句不再执行。

如果能执行到第 4 行，隐含的条件是"x>=1"。因为如果 x<1，那么已经执行第 3 行的语句返回了。同样的道理对于第 5 行语句也成立。

在这个例子中，函数起到了简化逻辑判断的作用。

7.4　函数的四种类型

函数的基本结构包括返回类型、函数名称、参数列表和函数体四个部分（见图 7-9）。

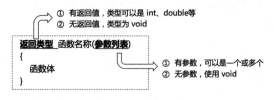

① 有返回值，类型可以是 int、double等
② 无返回值，类型为 void

返回类型　函数名称(**参数列表**)
{
　　函数体
}

① 有参数，可以是一个或多个
② 无参数，使用 void

图 7-9　函数的基本结构

返回类型存在有返回值和无返回值两种情况，无返回值用 void 来表示，void 的字面意思是"空的"。

参数列表存在有参数和无参数两种情况，无参数也是用 void 来表示，也可以直接省略。

根据乘法原理，总共有如表 7-1 所示的四种情况。

表 7-1　函数的四种类型及代表

四 种 类 别	代 表 函 数	函 数 功 能
有参数有返回值	double sqrt (double num);	返回参数 num 的平方根
有参数无返回值	void perror (const char *str)	打印 str（字符串）和相应的执行定义的错误消息到全局变量 errno 中
无参数有返回值	int rand (void)	产生一个伪随机数
无参数无返回值	void abort (void)	使程序非正常终止

在 C 语言库函数和实际的程序设计中，第 1 类函数占了绝大多数，第 2、3 类函数很少见，第 4 类函数极为少见。

7.5　数组作为函数参数：寻找数组中的最大值

例 7-2　将下面程序中的"寻找数组中的最大值"的功能抽象出来，定义为单独的函数 find_max，返回值是最大值在数组中的位置。

```c
1   #include <stdio.h>
2   #define N 6
3   int main(int argc, char *argv[ ])
4   {
5       int a[N]= { 1, 4, 6, 9, 2, 3};
6       int max = 0, i;
7       for (i=1; i<N; i++)
8           if (a[i]>a[max]) max = i;
9       printf("%d\n", a[max]);
10      return 0;
11  }
```

问题的重点在于确定函数的参数，数组作为参数时，需要在数组名称后添加中括号，另外还需要传递数组的长度作为参数。在学习过指针后，会明白实际传递的是数组的首地址。

```
1   #include <stdio.h>
2   #define N 6
3
4   int find_max(int a[ ], int n)
5   {
6       int i, max = 0;
7       for (i=1; i<n; i++)
8           if (a[i]>a[max]) max = i;
9       return max;
10  }
11
12  int main(int argc, char *argv[ ])
13  {
14      int a[N]= { 1, 4, 6, 9, 2, 3};
15      int max = find_max(a, N);
16      printf("%d\n", a[max]);
17      return 0;
18  }
```

在这个例子中，并没有对数组的内容进行修改，也就是说，在 find_max 函数范围内，数组 a 是只读的。在这种情况下，建议使用 const 修饰符来明确数组的只读属性，代码如下所示：

```
1   int find_max(const int a[ ], int n)
2   {
3       int i, max = 0;
4       for (i=1; i<n; i++)
5           if (a[i]>a[max]) max = i;
6       return max;
7   }
```

一旦函数内修改数组的内容，编辑器会报错。恰当地使用 const 修饰符提高了代码质量和可读性。

7.6　递归函数：计算阶乘和斐波那契数列

什么是递归？先来看一个阶乘 N！的例子。

例 7-3　阶乘 N！的定义。在数学中，阶乘 N！一般定义为

$$N！= 1×2×3×\cdots×(N-1)×N$$

阶乘 N！还可以用下面的公式来定义：

① 当 N=0 时，0! = 1；

② 当 N>0 时，N! = (N-1)!×N。

在 N>0 的公式中，又包含了 (N-1)!，这就是递归定义。

一般地，如果一个对象部分地由自己组成，或者是按它自己定义的，就称为是递归的。递归在数学和计算机学科中经常遇到，C 语言能够很好地支持函数的递归定义。递归在数学和计算机学科中经常被用到。递归采用自顶向下、先整体再局部的思维模式，掌握数学归纳法有助于更好地理解递归思想。

阶乘问题的 C 语言代码如下所示：

```
1  #include <stdio.h>
2
3  int jc(int n)
4  {
5      if (n==0) return 1;
6      return jc(n-1)*n;
7  }
8
9   int main(int argc, char *argv[ ])
10  {
11      printf("%d\n", jc(5));           //120
12      return 0;
13  }
```

递归的另外一个著名问题就是斐波那契数列。

例 7-4　斐波那契数列。

斐波那契数列指的是这样一个数列：0、1、1、2、3、5、8、13、21……，在现代物理、准晶体结构、化学等领域，斐波纳契数列都有直接的应用。在数学上，斐波纳契数列可以通过递归的方法定义：

$F(0) = 0$，$F(1)=1$，$F(n) = F(n-1) + F(n-2)$（$n \geqslant 2$，$n \in N^*$）。

编写程序，输出斐波那契数列的前 40 个数。

斐波那契数列有着明显的递归结构，其 C 语言代码如下所示：

```
1  #include <stdio.h>
2
3  int f(int n)
4  {
5      if (n==0 || n==1) return n;
6      return f(n-1)+f(n-2);
7  }
8
9  int main(int argc, char *argv[])
10  {
11      int i;
12      for (i=1; i<=40; i++)
13          printf( %2d:%d\n", i, f(i));
14      return 0;
15  }
```

程序的输出如下：

```
 1:1
 2:1
 3:2
 4:3
 5:5
 6:8
```
省略若干行
```
38:39088169
39:63245986
40:102334155
```

7.7 计算程序运行时间：递归和递推的效率比较 *

对于简单的序列计算问题，如阶乘和斐波那契数列，是很容易用递推来实现的，而且递推的效率远远要高于递归。那么如何来比较程序（算法）运行效率呢？有一门课程"数据结构"是专门研究算法运行效率的。在这里，我们通过直接统计程序的运行时间来比较程序的运行效率。

计算程序的运行时间是很常用的需求，C 语言提供了计时函数 clock( ) 来实现。下面以斐波那契数列问题来展示如何计算程序的运行时间。

```
1   #include <stdio.h>
2   #include <time.h>
3
4   int f(int n)
5   {
6       if (n==0 || n==1) return n;
7       return f(n-1)+f(n-2);
8   }
9
10  int main(int argc, char *argv[ ])
11  {
12      int i;
13      for (i=1; i<=40; i++)
14          printf("%2d:%d\n", i, f(i));
15      printf("Time elapsed = %.3lf\n",
16              (double)clock( ) / CLOCKS_PER_SEC);
17      return 0;
18  }
```

和上节的代码相比，多了第 2 行和第 15 ～ 16 行代码。

这个程序真正的特别之处在于计时函数 clock( ) 的使用，该函数返回程序目前为止运行的时间，是以毫秒为单位的。这样，在程序结束之前调用它，便可获得整个程序的运行时间。这个时间除以常数 CLOCKS_PER_SEC 之后得到以"秒"为单位的值。

常数 CLOCKS_PER_SEC 与操作系统有关，不要直接使用 clock( ) 的返回值，而应总是除以 CLOCKS_PER_SEC。

斐波那契数列完全可以采用递推来计算。递推就是根据已知项来计算未知项，通常效率远远高于递归。下面的代码采用了递推的思想设计，速度远远快于递归。

```
1   #include <stdio.h>
2   #include <time.h>
3
4   int main(int argc, char *argv[ ])
5   {
6       int f[100];
7       int i, n = 40;
8       f[0] = 0;  f[1] = 1;
9       for (i=2; i<=n; i++)
10          f[i] = f[i-1] + f[i-2];
11      printf("%d: %d\n", n, f[n]);
12      printf("Time elapsed = %.3lf\n",
13      (double)clock( ) / CLOCKS_PER_SEC);
14      return 0;
15  }
```

程序的输出如下：

40: 102334155

Time elapsed = 0.002

既然递推的效率远远高于递归，为何还要使用递归呢？因为很多问题的递归实现很容易写，而非递归的实现则难度较大，如 7.8 节的汉诺塔问题和本章习题中的阿克曼函数。

那递归效率一定很低吗？也不是。本章的最后一节给出了斐波那契数列的递归版本的优化实现。

7.8　经典递归问题：汉诺塔 *

例 7-5　汉诺塔。

古代有一个梵塔，塔内有 3 个座 A、B、C，开始时 A 座上有 64 个盘子，盘子大小不等，大的在下，小的在上。有一个老和尚想把这 64 个盘子从 A 座移到 C 座，但规定每次只允许移动一个盘子，且在移动过程中在 3 个座上都始终保持大盘在下，小盘在上。在移动过程中可利用 B 座。请编写程序输出移动这些盘子的详细步骤。

解决这个问题的关键是清晰地定义函数，然后采用递归。首先定义两个函数。

1）move(char src, char dst)：把盘子从位置 src 移动到位置 dst。

2）hanoi(int n, char one, char two, char three)：把 n 个盘子从位置 one 上借助于位置 two 移动到位置 three。

其中 move 函数非常简单，在这里起的作用是给输出动作重新命名，类似于注释，提高代码的可读性。这个函数没有返回值，返回值类型是 void。

程序的框架如下：

```
1   #include <stdio.h>
2
3   void move(char src, char dst)
4   {
5       printf("move %c -> %c\n", src, dst);
6   }
7
8   void hanoi(int n, char one, char two, char three)
9   {
10      if (n==1) move(one, three);
11      else
12      {
13
14      }
15  }
16
17  int main(int argc, char *argv[ ])
18  {
19      hanoi(3, 'A', 'B', 'C');
20      return 0;
21  }
```

主函数 main 调用了递归函数 hanoi，表示初始时有 3 个盘子，目标是把在 A 座上的盘子 A 借助于 B 座移到 C 座。

汉诺塔问题的递归示意图如图 7-10 所示。

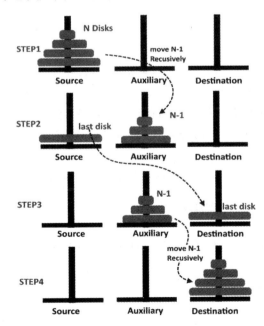

图 7-10 汉诺塔问题的递归示意图

一般的递归由递归出口和递归式子组成。在汉诺塔问题中，递归出口就是一个盘子的解决办法,递归式子是如何把搬动 n 个盘子的问题简化为搬动 n–1 个盘子的问题。

汉诺塔的递归解法可以归纳为 3 个步骤:

1)把 n–1 个盘子从位置 one 借助于位置 three 移动到位置 two。

2)把 n 号盘子从位置 one 移动到位置 three。

3)把 n–1 个盘子从位置 two 借助于位置 one 移动到位置 three。

写成 C 语言代码如下所示:

```
1   void hanoi(int n, char one, char two, char three)
2   {
3       if (n==1) move(one, three);
4       else
5       {
6           hanoi(n-1, one, three, two);
7           move(one, three);
8           hanoi(n-1, two, one, three);
9       }
10  }
```

程序的输出结果如下所示:

```
move A → C
move A → B
move C → B
move A → C
move B → A
move B → C
move A → C
```

在盘子数 n=3 时,共需要 7 个步骤;n=4 时,共需要 15 个步骤。一般地,当盘子为 n 时,需要 2^n-1 个步骤。

7.9　编译流程:预处理、编译、汇编、链接

这里以计算圆的周长和面积的简单的 C 语言程序为例来展示 C 语言程序从源代码到机器可执行二进制代码的主要过程。这个程序的名称为 demo.c,代码如下:

```
1   #include <stdio.h>
2   #define PI 3.142
3   int main(int argc, char *argv[ ])
4   {
5       double r, c, a;    // 计算圆的周长和面积
6       r = 1.0;
7       c = 2 * PI * r;
8       a = PI * r * r;
9       printf("%.2f %.2f\n", c, a);
10      return 0;
11  }
```

整个编译流程可以分为 4 个步骤：预处理、编译、汇编、链接。

（1）预处理

预处理主要完成的工作是可以删除注释、包含其他文件以及执行宏（宏 macro 是一段重复文字的简短描写）替代。

在命令行执行下面的命令进行预处理：

```
gcc -E demo.c -o demo.i
```

预处理完成后，得到的也是文本文件，在编译环境 Apple LLVM version 8.0.0 (clang-800.0.38)、Target：x86_64-apple-darwin16.0.0 下，得到的文件共 465 行，最后几行如下所示：

```
1  int main(int argc, char *argv[ ])
2  {
3      double r, c, a;
4      r = 1.0;
5      c = 2 * 3.142 * r;
6      a = 3.142 * r * r;
7      printf("%.2f %.2f\n", c, a);
8      return 0;
9  }
```

对比代码，可以发现主要的变化是删除了注释和把 PI 替换成了具体数值。

（2）编译

编译做的工作是将 C 语言文本文件翻译成汇编语言文本文件。汇编语言是非常有用的，因为它为不同高级语言的不同编译器提供了通用的输出语言。在这个阶段中，GCC 首先要检查代码的规范性、是否有语法错误等，以确定代码实际要做的工作。在检查无误后，GCC 把代码翻译成汇编语言。

在命令行执行下面的命令进行编译：

```
gcc -S demo.i
```

编译完成后，得到的文本文件有 54 行，这里选取了部分汇编代码。

```
movsd   %xmm0, -32(%rbp)
movsd   -24(%rbp), %xmm0        ## xmm0 = mem[0],zero
movsd   -32(%rbp), %xmm1        ## xmm1 = mem[0],zero
movb    $2, %al
callq   _printf
xorl %ecx, %ecx
movl %eax, -36(%rbp)            ## 4-byte Spill
movl %ecx, %eax
addq $48, %rsp
popq %rbp
retq
.cfi_endproc
```

汇编语言对应着不同的机器语言指令集，规模稍大，理解起来就很困难。

（3）汇编

这个阶段将demo.s翻译成机器语言指令，把这些指令打包成为一种"可重定位目标程序"的格式，并将结果保存到demo.o文件中。可重定位目标程序文件是提供给链接器使用，执行并入操作。

命令如下：

```
gcc -c demo.s -o demo.exe
```

汇编生成的文件demo.o是二进制文件，它的字节编码是机器语言指令而不是字符，所以用文本编译器看会出现乱码。

（4）链接

链接就是将不同部分的代码和数据收集和组合成为一个单一文件的过程。这个文件可被加载或复制到存储器执行。

程序中调用了printf函数，它是C语言标准库的一个函数。在预编译中包含进的"stdio.h"中也只有该函数的声明，而没有定义函数的实现，那么，是在哪里实现"printf"函数的呢？答案是：系统把这些函数实现都存到名为libc.so.6的库文件中去了，在没有特别指定时，GCC编译器会到系统默认的搜索路径"/usr/lib"下进行查找，也就是链接到libc.so.6库函数中去，这样就能实现函数"printf"了，而这也就是链接的作用。

函数库一般分为静态库和动态库两种。静态库是指编译链接时，把库文件的代码全部加入可执行文件中，因此生成的文件比较大，但在运行时也就不再需要库文件了，其扩展名一般为"a"。动态库与之相反，在编译链接时并没有把库文件的代码加入可执行文件中，而是在程序执行时由运行时（Runtime）链接文件加载库，这样可以节省系统的开销。动态库一般扩展名为"so"，如前面所述的libc.so.6就是动态库。GCC在编译时默认使用动态库。

7.10　全局变量、静态变量：优化斐波那契数列的递归版本

尽管斐波那契数列的递推实现速度远快于递归，但并不是所有递归问题都能很容易地转化为递推，如本章的习题阿克曼函数。因此，优化递归函数的实现还是有重要意义的。

下面来编写一个程序，看看为何递归版本的运行速度这么慢。这个程序统计了递归函数被调用的次数。

```
1  #include <stdio.h>
2  #include <time.h>
3
4  int c = 0;  // 全局变量
5
6  int f(int n)
```

```
7   {
8       c++;
9       if (n==0 || n==1) return n;
10      return f(n-1)+f(n-2);
11  }
12
13  int main(int argc, char *argv[ ])
14  {
15      int i, n=40;
16      for (i=1; i<=n; i++)
17          printf("%2d:%d\n", i, f(i));
18      printf("total = %d\n", c);
19      printf("Time used = %.3lf\n",
20      (double)clock( ) / CLOCKS_PER_SEC);
21      return 0;
22  }
```

第 4 行定义了计数器 c，用于统计程序运行的次数。和之前的变量所不同的地方在于，这个变量定义的层次和递归函数 f、主函数 main 在同一层次，这样的变量称为全局变量。

下面来认识一下几个常用的概念：作用域、局部变量和全局变量。

函数的形参变量只在被调用期间才分配内存单元，调用结束立即释放。这表明形参变量只有在函数内才是有效的，离开该函数就不能再使用了。这种变量有效性的范围称为变量的作用域。C 语言中所有的变量都有自己的作用域。变量说明的方式不同，其作用域也不同。

局部变量，也称为内部变量，是在函数内作定义说明的，其作用域仅限于函数内。

全局变量，也称为外部变量，它是在函数外部定义的变量。它不属于哪一个函数，属于所在源程序文件，其作用域是整个源程序。

使用全局变量的目的是希望能在所有函数中都能访问到，比如在这个例子中，首先进行初始化，然后调用递归函数 f 的时候，变量 c 累加一次，最后在主函数中输出总的调用次数。运行代码，当 n=40 时，递归函数执行的次数为 866988830。

下面的代码使用静态变量对最初的斐波那契函数进行了优化，代码如下：

```
1   #include <stdio.h>
2   #include <time.h>
3
4   int c = 0;
5
6   int f(int n)
7   {
8       static int a[100];      // 这里使用 100 并不是一个好习惯，切勿模仿
9       c++;
10      if (a[n]>0) return a[n];
11      if (n==0 || n==1) return a[n] = n;
```

```
12        return a[n] = f(n-1)+f(n-2);
13    }
14
15    int main(int argc, char *argv[ ])
16    {
17        int i, n=40;
18        for (i=1; i<=n; i++)
19            printf("%2d:%d\n", i, f(i));
20        printf("c = %d\n", c);
21        printf("Time used = %.3lf\n",
22                (double)clock( ) / CLOCKS_PER_SEC);
23        return 0;
24    }
```

程序的输出结果（最后三行）是：

40:102334155

c = 118

Time used = 0.002

第 8 行代码定义的数组不是一般的内部变量，而是属于静态变量。静态（局部）变量在函数内定义它的生存期为整个源程序，但是其作用域仍与自动变量相同，只能在定义该变量的函数内使用该变量。退出该函数后，尽管该变量还继续存在，但不能使用它。另外一个值得注意的特性是：静态变量默认初始化为零。也就是说，若未赋初值，则由系统自动赋以 0 值。

递归函数 f 在内部采用静态变量数组 a 来保存已有计算结果。刚开始时，数组 a 的元素全部为零。如果 a[n]>0，则表明之前已经计算过，直接返回保存在数组中的已有结果。第 11 ~ 12 行代码在返回结果时，还多做了一项工作，将计算结果保存到数组 a 中，避免了重复计算。函数累计被调用的次数约为 3n 次。

7.11　预处理命令

预处理命令（也称为预处理指令、预处理器）是编译过程中单独执行的第一个步骤。两个最常用的预处理指令是 # include 指令（实现文件包含）和 # define 指令（宏定义）。本节介绍文件包含、带参数的宏和条件编译。

1. 文件包含

C 语言程序通常都会使用代码 #include <stdio.h>，这是因为库函数 printf 的函数原型声明都包含在 <stdio.h> 中。通过 #include 指令，可以把 <stdio.h> 中的全部内容都包含到程序中。包含库函数的函数原型声明的 stdio.h 称为头文件（header），而取得头文件内容的 #include 指令称为文件包含指令。

文件包含指令（#include 指令）使得处理大量的指令以及声明更加方便。在源文件中，任何形如 #include "文件名" 或 #include< 文件名 > 的行都将被替换为由文件名指定的文件的内容。如果文件名用引号引起来，则在源文件所在位置查找该文件；如果在该位置没有找到文件，或者文件名用尖括号括起来，则将根据相应的规则查找该文件，这个规则与具体的编译器实现有关。被包含的文件本身也可包含 #include 指令。

在较大规模的程序中，#include 指令是将所有声明捆绑在一起的较好方法。这可以保证所有的源文件都具有相同的定义与变量声明，避免出现不必要的错误。

源文件的开始处通常都会有多个 #include 指令，它们用以包含常见的 #define 语句和 extern 声明，或从头文件中访问库函数的函数原型声明，如 <stdio.h>。

2. 带参数的宏

阅读下面的代码，并观察运行结果。

```
1   #include <stdio.h>
2
3   #define square(x) x * x
4
5   int main(void)
6   {
7       printf("%d\n", square(3));      // 9
8       printf("%d\n", square(3+2));    // 11
9       return 0;
10  }
```

主函数中的 square 看着很像函数，但本质是带参数的宏。带参数的宏可以实现简单的函数功能，但在使用中要特别留意。例如，上述宏替换在编译预处理时完成，square(3+2) 被替换为（3+2）×（3+2），所以输出结果是 11，并不是预期的 25。

在上述代码基础上，通过完善宏定义并增加几个测试用例后的代码如下：

```
1   #include <stdio.h>
2
3   #define square(x) (x) * (x)
4
5   int main(void)
6   {
7       int n=3;
8       printf("%d\n", square(3));           // 9
9       printf("%d\n", square(3+2));         // 25
10      printf("%d\n", square(3)/square(3)); // 9
11      printf("%d\n", square(++n));         // 20
12      return 0;
13  }
```

第三个表达式并没有得到预期中的结果 1，而是 9，这是由于该表达式被替换为 (3) ×

(3)/(3)×(3) 。如果希望得到类似函数的效果，还需要在最外层添加小括号，也就是 #define square(x) ((x) * (x))。

在使用带参数的宏时，需要特别注意自增自减运算符的使用所带来的副作用。

尽管如此，宏还是很有价值的。例如，函数 getchar() 与 putchar() 在实际中常常被定义为宏，这样可以避免处理字符时调用函数所需的运行时开销。ctype.h 头文件中定义的"函数"也常常是通过宏来实现的。

3. 条件编译

一般的程序经过编译后，所有的 C 语句都生成到目标程序中。如果只想把源程序中的一部分语句生成目标代码，可使用条件编译。条件编译广泛应用于商业软件中，可为一个程序提供多个版本。不同的用户使用不同的版本，运行不同的程序功能。

采用条件编译的好处有两个：一是精简了目标代码；二是系统代码保护性更好。

条件编译的语法如下：

```
#if 标识符
程序代码 A
#else
程序代码 B
#endif
```

关键字 #if 配合 #else 使用，判断标识符的值为真或假。如果是真，则编译程序代码 A；否则编译程序代码 B；

在编译选项而不是在程序中定义标识符，可进一步降低出错的可能性。使用 g++ 在命令行定义标识符（这里使用标识符 DEBUG）来实现条件编译的命令如下所示：

```
g++ 条件包含示例 .cpp    –DDEBUG
```

7.12 MVC（模型、视图、控制器）设计模式

MVC 全名是 Model View Controller，是模型（Model）－视图（View）－控制器（Controller）的缩写，用一种业务逻辑、数据、界面显示分离的方法组织代码，将业务逻辑聚集到一个部件里面，在改进和个性化定制界面及用户交互的同时，不需要重新编写业务逻辑。这种模式用于应用程序的分层开发，如图 7-11 所示。

MVC 的含义如下：

M（数据层）：提供数据模型，把数据存储到模型对象中。

V（视图层）：提供视图展示，也可与用户交互。

C（控制层）：协调 M（数据层）和 V（视图层），把数据处理后存入模型，并把数据更新到对应的视图。

下面程序的功能是根据圆的半径计算周长和面积，体现了 MVC 模式的特点。

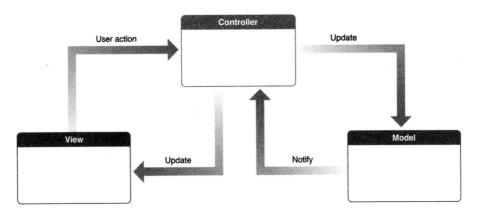

图 7-11　MVC 设计模式

```
1    #include <stdio.h>
2
3    #define PI 3.1416
4
5    double get_circumference(double radius)
6    {
7        return 2*PI*radius;
8    }
9
10   double get_area(double radius)
11   {
12       return PI*radius*radius;
13   }
14
15   int main(void)
16   {
17       double radius, circumference, area;
18       scanf("%lf", &radius);
19       circumference = get_circumference(radius);
20       area = get_area(radius);
21       printf("circumference: %.3lf\narea: %.3lf\n",
22               circumference, area);
23       return 0;
24   }
```

在这个程序中，函数 get_circumference() 和 get_area() 体现为模型，负责提供数据；函数 printf() 体现为视图，获取变量后使用变量替换占位符；函数 main 是控制器，获取数据后更新视图。在实际的应用中，模型会放在单独的文件中，printf 中的字符串则扩展为一个或者多个视图文件，整个项目看上去会复杂很多，但本质没有变化。

在平时的学习和工作中，MVC 的思想也值得借鉴。例如在制作 PPT 时，可以先用文本工具编写好文本，然后再使用 PPT 设计外观，这样，制作 PPT 的效率会高很多。

习 题

1. 编写函数求三个整数的最大值（P1002），函数原型为 int max3(int a, int b, int c)。

2. 编写函数求 1～n 之和（P1086），函数的原型为 int sum_n(int n)。

3. 编写函数，函数原型为 int f(int n)，求 f(x) 的值（P1007）。函数的定义如下所示：

$$y=\begin{cases} x & (x<1) \\ 2x-1 & (1 \le x<10) \\ 3x-11 & (x \ge 10) \end{cases}$$

4. 编写程序，求指定区间的素数之和（P1079）。输入两个正整数 m 和 n(m<n)，求 m 到 n 之间（包括 m 和 n）所有素数的和，要求定义并调用函数 is_prime(x) 来判断 x 是否为素数（素数是除 1 以外只能被自身整除的自然数）。例如，输入 1 和 10，那么这两个数之间的素数有 2、3、5、7，其和是 17。

5. 编写程序，计算阿克曼函数的值（P1301）。1920 年后期，数学家大卫·希尔伯特的学生 Gabriel Sudan（加布里埃尔·苏丹）和威廉·阿克曼，当时正在研究计算的基础知识，Sudan 发明了一个递归却非原始递归的 Sudan 函数。1928 年，阿克曼又独立想出了另一个递归却非原始递归的函数，它需要两个自然数作为输入值，输出一个自然数。它的输出值增长速度非常高，仅是（4,3）的输出已大得不能准确计算了。阿克曼函数定义如下，输入参数为两个整数，且不大于 4 和 3。

$$A(m,n)=\begin{cases} n+1 & \text{若 m=0} \\ A(m-1,1) & \text{若 m>0 且 n=0} \\ A(m-1,A(m,n-1)) & \text{若 m>0 且 n>0} \end{cases}$$

第8章

特殊的字符数组——字符串

8.1 字符串的声明、输入和输出

字符串分为两大类：常量字符串和变量字符串。

严格来说，C 语言中的字符串并不是一种新的类型，只是特殊的字符数组，特殊之处在于字符串以 '\0' 作为结束符。字符串的声明和字符数组完全相同。图 8-1 给出了字符串的存储示例。

位置	0	1	2	3	4	5
值	'G'	'r'	'e'	'a'	't'	'\0'
十进制	71	114	101	97	116	0

以 0 结尾

图 8-1 字符串"Great"保存在字符数组中

学习新的数据类型，主要是了解其声明、输入和输出。

下面的代码采用 scanf 和 printf 进行输入输出。

```
1  #include <stdio.h>
2
3  int main(int argc, char *argv[ ])
4  {
5      char s[100];
6      scanf("%s", s);
7      printf("%s\n", s);
8      return 0;
9  }
```

程序的输入输出结果如下：

Hello, World

Hello,

第 1 行是输入，第 2 行是输出。之所以出现这样的结果，是因为 scanf 函数以空格（包括 Tab、回车）来区分不同的字符串。第 5 行的声明其实就是字符数组，scanf 函数会在字符串的末尾做个标记，也就是添加 '\0' 来表示字符串的结束，在这个例子中，s[5] 保存的是逗号，s[6]='\0'。

如果想把一整行全部保存到字符串中，可以采用 gets 和 puts 函数，如下所示：

```
1  #include <stdio.h>
2  #include <string.h>
3
4  int main(int argc, char *argv[ ])
5  {
6      char s[100];
7      gets(s);
8      puts(s);
9      return 0;
10 }
```

程序的输入输出结果如下：

Hello, World

Hello, World

第1行是输入，第2行是输出，这个程序表明，这次读入的是一整行。

gets 函数有个漏洞，在项目代码中慎用，可用 fgets 函数来代替。下列代码和上面的代码在功能上是完全一致的。

```
fgets(s, sizeof(s), stdin);
```

gets 函数和 fgets 函数最大的不同是 gets 函数的缓冲区虽然由用户提供，但是用户无法指定其一次最多读入多少字节的内容。这一点导致 gets 变成了一个非常危险的函数。上述代码中出现的 stdin、stdout 表示标准输入和标准输出，也就是键盘和显示器，将在本书第11章详细解释。

8.2 字符串的简单应用：判断回文串

例 8-1　判断回文串。

问 题 说 明	输入一个以回车符结束、不包含空格符的字符串（少于 20 个字符），判断该字符串是否是回文串。如果是，输出 Yes；否则输出 No 所谓回文串就是字符串中心对称，如 "abcba" "abccba" 是回文串，"abcdcbb" 不是回文串
输 入 示 例	abcba
输 出 示 例	Yes

解题思路：设置两个位置变量 i 和 j，i 是首个字符所在的位置，也就是 0，j 是最后一个字符所在的位置。不断比较 s[i] 和 s[j] 所保存的字符是否一致，如果不一致，则结束比较，字符串不是回文串；如果一致，则 i 递增，j 递减。比较直到 j≥i 时结束。最终情况有 3 种：i<j、i==j、i>j。后面两种情况可以判定字符串是回文串。

在设计程序时，至少考虑三种情况：不是回文串、奇数个字符的回文串和偶数个字符的回文串。表 8-1～表 8-3 列出了当输入的字符串为 "abcda" "abcba" 和 "abccba" 的情况。

表 8-1 输入字符为"abcda"时的情况

	s[0]	s[1]	s[2]	s[3]	s[4]	s[5]
存 储 字 符	'a'	'b'	'c'	'd'	'a'	'\0'
初 始 位 置	i				j	
最 终 位 置		i		j		

表 8-2 输入字符为"abcba"时的情况

	s[0]	s[1]	s[2]	s[3]	s[4]	s[5]
存 储 字 符	'a'	'b'	'c'	'b'	'a'	'\0'
初 始 位 置	i				j	
最 终 位 置			i, j			

表 8-3 输入字符为"abccba"时的情况

	s[0]	s[1]	s[2]	s[3]	s[4]	s[5]
存 储 字 符	'a'	'b'	'c'	'c'	'b'	'a'
初 始 位 置	i					j
最 终 位 置			j	i		

完整的程序代码如下所示:

```
1   #include <stdio.h>
2
3   int main(int argc, char *argv[ ])
4   {
5       char s[20];
6       int i, j;
7       scanf("%s", s);
8       for (j=0; s[j]!='\0'; j++);
9       for (i=0, j=j-1; i<j; i++, j--)
10          if (s[i]!=s[j])  break;
11      printf(i>=j ? "Yes\n" : "No\n");
12      return 0;
13  }
```

第 5 行:声明了空间为 20 个字符的字符数组 s;

第 7 行:读取键盘输入的字符,保存到字符数组 s;

第 8 行:常用写法,用于确定字符串的长度。for 语句后面的分号表示循环体为空;

第 9 行:i 初始化为 0,j 初始化为字符串的长度减 1;

第 10 行:一旦发现对称位置上的字符不一致,就提前终止循环,此时必有 i < j;

第 11 行:使用三元运算符来表示双分支结构。

8.3 字符数组的空间和字符串的长度

既然 C 语言的字符串和字符数组声明完全一样，那么字符串有什么特点呢？准确地说，字符串是包含 '\0' 的字符数组。图 8-2 给出了字符串在空间为 10 的字符数组中的存储示例。

位置	0	1	2	3	4	5	6	7	8	9
值	'G'	'r'	'e'	'a'	't'	'\0'	不定	不定	不定	不定

字符串以 0 作为结束

图 8-2　字符串"Great"保存在空间为 10 的字符数组中

下面的例子从一个侧面展示了两者的区别。

```
1   #include <stdio.h>
2   #include <string.h>
3
4   int main(int argc, char *argv[ ])
5   {
6       char s[10] = "Great";
7       printf("%d\n", sizeof(s));   // 字符数组占用的空间是 10B
8       printf("%d\n", strlen(s));   // 字符串的长度是 5B
9       return 0;
10  }
```

第 6 行代码声明了字符数组，无论是 32 位还是 64 位编译器，一个字符都占用一个字节，该字符数组占用空间为 10 个字节，在声明的同时，也完成了初始化，即 s[5]='\0'。sizeof(s) 是求字符数组的占用空间，strlen(s) 是字符数组中保存的字符串的长度，也就是第一个出现 '\0' 的地址和字符数组的首地址的差。如果在输出前执行 s[3]='\0'，则第一个出现 '\0' 的位置提前，此时字符串的长度是 3。

这里使用了头文件 <string.h>，该文件包含了 C 语言的最常用的字符串操作函数。

8.4 常用字符串处理函数

本节通过几个示例来展示字符串函数的使用。

例 8-2　输出 3 个字符串中最长的字符串。

问题说明	第 1 行是输入，是 3 个字符串，最长的字符串长度不超过 30，中间以空格分隔，第 2 行是输出
输入示例	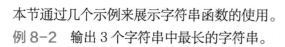 Shanghai Beijing Guangzhou
输出示例	Guangzhou

在解决该问题前，先来回顾一下如何找出 3 个整数中的最大值。

```
1   #include <stdio.h>
2   int main(int argc, char *argv[ ])
3   {
4       int a, b, c, max;
5       scanf("%d%d%d", &a, &b, &c);
6       max = a;
7       if (b>max)
8           max = b;
9       if (c>max)
10          max = c;
11      printf("%d\n", max);
12      return 0;
13  }
```

整数替换成字符串，关键是如何改变字符串的值。在 C 语言的库函数中，提供了 strcpy 函数，想要表达字符串 max=a，在 C 语言中，要写成 strcpy(max, a)。

```
1   #include <stdio.h>
2   #include <string.h>
3   #define N 100
4   int main(int argc, char *argv[ ])
5   {
6       char a[N], b[N], c[N], max[N];
7       scanf("%s%s%s", a, b, c);
8       strcpy(max, a);
9       if (strlen(b)>strlen(max))   strcpy(max, b);
10      if (strlen(c)>strlen(max))   strcpy(max, c);
11      puts(max);
12      return 0;
13  }
```

类比法是将未知或不确定的对象，与已知对象进行归类比较，进而提出对未知或不确定对象的猜测。如果未知的对象确实与某种已知对象有较多相似之处，则类比法就有一定的认知价值。采用类比法学习是高效率的学习方式，能够集中精力关注两个类比对象的异同点。

例 8-3 输出 3 个字符串中最大的字符串。

问题说明	第 1 行是输入，是 3 个字符串，最长的字符串长度不超过 30，中间以空格分隔，第 2 行是输出
输 入 示 例	Shanghai beijing Guangzhou
输 出 示 例	beijing

两个字符的大小是根据其在 ASCII 表中的位置来确定的。字符串的比较规则是先比较第 1 个字符的 ASCII 值，如果不等，则由第 1 个字符的大小决定字符串的大小；如果相等，再比较第 2 个字符，依次类推。

在上面的 3 个字符串中，"beijing" 的首字母是 b，小写，其 ASCII 值大于另外两个字符串的首字符 S 和 G。C 语言字符串库函数中的 strcmp 用于比较两个字符串的大小。下面的代码和前面的例子类似，差别主要在比较。

```
1  #include <stdio.h>
2  #include <string.h>
3  #define N 100
4  int main(int argc, char *argv[ ])
5  {
6      char a[N], b[N], c[N], max[N];
7      scanf("%s%s%s", a, b, c);
8      strcpy(max, a);
9      if (strcmp(b, max)>0)
10         strcpy(max, b);
11     if (strcmp(c, max)>0)
12         strcpy(max, c);
13     puts(max);
14     return 0;
15 }
```

strcmp(b，max)>0 表示字符串 b 大于字符串 max，strcmp(b，max)==0 表示两个字符串相同。

例 8-4　连接 3 个字符串。

形象地说，连接字符串就是字符串做加法。在 C 语言中，使用库函数 strcat 来实现字符串的"加法"。

```
1  #include <stdio.h>
2  #include <string.h>
3  #define N 100
4  int main(int argc, char *argv[ ])
5  {
6      char a[N] = "Beijing";
7      char b[N] = "Shanghai";
8      char c[N] = "Guangzhou";
9      char abc[3*N] = "";
10     strcat(abc, a);              // abc = abc + a
11     strcat(abc, b);
12     strcat(abc, c);
13     puts(abc);                   // BeijingShanghaiGuangzhou
14     printf("%d\n", strlen(abc)); // 24
15     return 0;
16 }
```

strcat(abc，a) 的功能是把字符串 a 的内容追加到字符串 abc 中，这要求新的字符串所在的字符数组空间要足够大，否则程序就留下了潜在的漏洞。

8.5　主流程序设计语言中的字符串

例 8-5　字符释义。

从键盘输入一个字符，当输入的字符为"y"或"n"或"c"时，分别显示"Yes""No"

"Cancel"，输入其他字符时显示"Illegal!"。

这个问题在分支结构章节中出现过，当时是这么写的：

```
1   #include <stdio.h>
2   int main(int argc, char *argv[ ])
3   {
4       char c=getchar( );
5       switch(c) {
6       case 'y':
7           printf("Yes\n");
8           break;
9       case 'n':
10          printf("No\n");
11          break;
12      case 'c':
13          printf("Cancel\n");
14          break;
15      default:
16          printf("Illegal!\n");
17          break;
18      }
19      return 0;
20  }
```

上面这个程序的输出分散在多处，并不是想要的代码风格。之所以这样写，是当时还没有讲到字符串的赋值。在了解了字符串的赋值操作后，就有了下面更为整洁的写法：

```
1   #include <stdio.h>
2   #include <string.h>
3   #define N   20
4   int main(int argc, char *argv[ ])
5   {
6       char s[N];
7       char c = getchar( );
8       switch(c) {
9       case 'y':
10          strcpy(s, "Yes");
11          break;
12      case 'n':
13          strcpy(s, "No");
14          break;
15      case 'c':
16          strcpy(s, "Cancel");
17          break;
18      default:
19          strcpy(s, "Illegal!");
20          break;
21      }
22      puts(s);
23      return 0;
24  }
```

改进后的程序只有一个输出口，符合"输入→计算→输出"的整体计算框架。

上述代码还可以使用 if 语句来完成，比 switch-case-break 语句更简洁。仔细对比一下，如果使用多个输出就无法采用这种 if 语句的结构。

```c
1   #include <stdio.h>
2   #include <string.h>
3   #define N  20
4   int main(int argc, char *argv[ ])
5   {
6       char s[N];
7       char c = getchar( );
8       strcpy(s, "Illegal!");
9       if (c=='y') strcpy(s, "Yes");
10      if (c=='n') strcpy(s, "No");
11      if (c=='c') strcpy(s, "Cancel");
12      puts(s);
13      return 0;
14  }
```

为何说字符串并不是 C 语言中的基本数据类型呢？不妨先看看字符释义的 C++、PHP 和 Java 程序版本。

C++ 版本：

```cpp
1   #include <iostream>
2   #include <string>
3
4   using namespace std;
5   int main(int argc, char *argv[ ])
6   {
7       char c = getchar( );
8       string s("Illegal!");        // 有一种类型，就是字符串
9       if (c=='y') s = "Yes";     // 直接比较，直接赋值
10      if (c=='n') s = "No";
11      if (c=='c') s = "Cancel";
12      cout << s << endl;
13      return 0;
14  }
```

PHP 版本：

```php
1   <?php
2       $c = 'y';                    // 根据右侧的数据决定左侧的变量类型
3       $s = "Illegal!";             // 直接赋值
4       if ($c=='y') $s = "Yes";     // 直接比较，直接赋值
5       if ($c=='n') $s = "No";
6       if ($c=='c') $s = "Cancel";
7       printf("%s\n", $s);          // 更常用的输出写法： echo $s."\n";
8   ?>
```

Java 版本：

```
1   public class P1322 {
2       public static void main(String[ ] args) {
3           char c = 'c';
4           String s = "Illegal!";          // 有一种类型，就是字符串
5           if (c=='y') s = "Yes";          // 直接比较，直接赋值
6           if (c=='n') s = "No";
7           if (c=='c') s = "Cancel";
8           System.out.printf("%s", s);     // 常用的输出写法：System.out.println(s);
9       }
10  }
```

将 C 语言代码和其他编程语言的代码相比较，就可以发现，在 C++、PHP 和 Java 程序中，有特设的字符串类型，字符串的基本操作（赋值、比较、连接等）直接可以使用操作符号完成，而 C 语言都需要使用库函数。

在 C 语言中，字符串并不是一种真正的数据类型，而是包含字符串结束符 '\0' 的特殊的字符数组。

这些代码的另一个启示是，掌握好 C 语言，很容易转换到其他编程语言，示例是桥梁，比较学习法是高效的程序设计学习方法。

8.6 使用 memset 函数初始化数组 *

在初始化数组尤其是需要每次都初始化的时候，可以使用循环语句，但这样不但运行速度慢，而且程序写起来也很长。其实可以使用字符串库函数 memset 来实现。

原型：extern void *memset(void *buffer, int c, int count);

功能：把 buffer 所指内存区域的前 count 个字节设置成字符 c。

包含头文件：注意这个函数是字符串函数，所以一定要包含字符串头文件。

```
1   #include <stdio.h>
2   #include <string.h>
3   #define N 50
4   int main(int argc, char *argv[ ])
5   {
6       int a[N];
7       memset(a, 0, sizeof(a));          // 仅能初始化为 0 或 −1
8       printf("%d %d\n", a[0], a[N−1]);
9       return 0;
10  }
```

memset 函数是逐个字节进行填充，所以 a 一般为 char * 型。对于其他类型的 a，可以填充的值有两个：0 和 −1。

为什么只能是 0 和 −1？因为计算机中用二进制补码表示数字，0 的二进制补码为全 0，−1 的二进制补码为全 1。memset 函数是逐个字节进行填充，这也是为何 memset 函数在字符串库函数中的原因。

下面的例子展示了 memset 的本职工作：填充字符。

```
1   #include <stdio.h>
2   #include <string.h>
3   #define N 50
4   int main ( )
5   {
6       char s[N];
7       strcpy(s, "be careful to use memset function.");
8       puts(s);
9       memset(s,'$',10);
10      puts(s);
11      return 0;
12  }
```

运行结果是：

be careful to use memset function.

$$$$$$$$$$ to use memset function.

在使用 memset 函数初始化整型数组时要特别注意，这个函数只能全部初始化为 0 或 -1。其实在 C 语言中，全部初始化为 0 还有更为简单的写法：

    int a[10] = { 0 };

编译器会把 a[1] ～ a[9] 全部初始化为 0。

 习　题

1. 编写程序，计算 n 行字符串的长度（P1138）。输入不超过 100 行的字符串，计算每一行字符串的长度并输入。每一行的字符串长度不超过 80 个。由于本题输入的字符串中有可能存在空格，所以建议使用 gets 函数来读取一整行。说明：gets 函数有安全漏洞，在正式的代码中不要使用。

2. 编写程序，实现字符串的连接（P1032）。将两行字符串连接，每行字符串的长度不超过 100。例如，输入为"Hello"和"World"，则输出为"Hello World"。

3. 编写程序，从两个字符串中输出较长的字符串（P1137）。比较两个字符串的长度，将其中长度较长的字符串输出。如果两个字符串的长度相同，则输出第 1 个字符串。输入是两个字符串，输出是长度较长的字符串。

4. 编写程序，实现字符串的逆序输出（P1031）。使输入的一个字符串按反序存放，在主函数中输出反序后的字符串。例如，输入为 123456abcdef，则输出为 fedcba654321。

第 9 章

地址的别名——指针

Chapter 09

9.1 初识指针

在传统的 C 语言教学中，指针一直被认为是难点，其中的一个重要原因是"指针"这个名字很抽象。指针翻译自英文 pointer，如果把 pointer 翻译成地址，则会容易理解很多。每个变量、常量、函数在内存中的位置就是地址。

为了术语上的统一，本书的各级目录中，统一采用了"指针"的名称。但在每节的内部，大量采用了"地址"的名称。在阅读后面的章节时，可以把"指针"等同于"地址"。

计算机采用了二进制，但二进制地址的表达冗长，所以采用了兼顾二进制和可读性的十六进制来表示地址。C 语言的 printf 函数为地址设计的占用符是"%p"。基本类型变量前添加取地址符 & 就可以获得该变量的地址，数组名和函数名其实就是地址。

下面的程序输出了整型变量、双精度浮点数类型变量以及数组和函数的地址。

```
1   #include <stdio.h>
2
3   double f(double x)
4   {
5       return x*x+3*x;
6   }
7
8   int main(int argc, char *argv[ ])
9   {
10  int a, b, c;
11      double x, y, z;
12      const double PI = 3.142;
13      int v[6] = {1, 2, 3, 4, 5, 6};
14      printf(" a: %p\n b: %p\n c: %p\n", &a, &b, &c);
15      printf(" x: %p\n y: %p\n z: %p\n", &x, &y, &z);
16      printf("PI: %p\n", &PI);
17      printf(" v: %p\n", v);
```

```
18      printf(" f: %p\n", f);
19
20      return 0;
21  }
```

运行结果如下：

```
 a: 0060FF04
 b: 0060FF08
 c: 0060FF0C
 x: 0060FEE8
 y: 0060FEF0
 z: 0060FEF8
PI: 0060FEE0
 v: 0060FF10
 f: 004012F0
```

运行结果依赖于计算机，这里的计算结果来自于 32 位计算机。可以看出，整型变量 a、b、c 的地址相邻，整型数组 v 紧邻整型变量，浮点数 PI、x、y、z 的地址相邻，函数 f 的地址和变量的地址相距较大。

地址是由系统安排的，通常的程序中的数据和函数的地址不会太靠前。这有点儿像开会时的座位，前排座位通常会留给贵宾。

指针是 C 语言非常有特色的数据类型，用于保存变量的地址。为了特别指出声明的变量是指针，需要使用新的符号 *。

了解指针的关键在于掌握两个运算符 * 和 &，它们表示相反的操作，说明如下：

* 从指定的地址中取出值。

& 获得给定的值的地址。

可以用图 9-1 所示的示意图表示，方括号用于获取成组数据的某个元素。

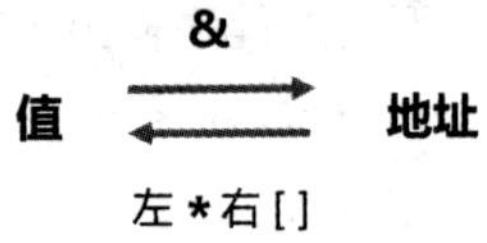

如果把内存看作是银行账户，内存的地址就是银行账户号码，账户中的数字就是存放在该地址的内容。下面的示例有助于理解地址和内容的关系。

图 9-1 值和地址的相互转换

```
1   #include <stdio.h>
2   int main(int argc, char *argv[ ])
3   {
4       int xiaowang_money = 320 ;         // 小王的存款余额
5       int xiaochen_money = 300;          // 小陈的存款余额
6       int *account = NULL;               // 地址，该地址只能保存 int 变量
7       account = &xiaowang_money;         // 将 account 关联到 xiaowang
8       xiaowang_money = xiaowang_money + 100;
9       *account = *account − 200;
10      printf("xiaowang's account : %p\n", &xiaowang_money);
11      printf("xiaowang's account : %p\n", account);
```

```
12      printf("xiaowang's account : %08x\n", account);
13      printf("now xiaowang has %d RMB\n", *account);
14
15      account = &xiaochen_money;      // 将 account 关联到 xiaochen
16      printf("xiaochen's account : %p\n", account);
17      *account = *account + 300;
18      printf("now xiaochen has %d RMB\n", xiaochen_money);
19
20   return 0;
21   }
```

程序运行结果：

xiaowang's account : 0060FF30

xiaowang's account : 0060FF30

xiaowang's account : 0060ff30

now xiaowang has 220 RMB

xiaochen's account : 0060FF2C

now xiaochen has 600 RMB

代码说明如下：

第 4 ~ 5 行代码声明了两个变量，并初始化。

第 6 行的 account 变量是指针变量（保存地址的变量），初始化为 NULL，在 C 语言中，NULL 为 0。指针变量为 0 表明这个指针变量还没有真正使用。指针变量和之前学习过的变量（int、double、char）有个最大的不同，就是不能随意赋值。

第 7 行代码使地址 account 等于 xiaowang_money 所在的地址，通过符号 & 来获得。

第 10 ~ 12 行输出了同一个地址，%p 用于输出地址变量，格式是 8 位十六进制数，效果等同于使用 %8x。

第 15 行是 account 关联到小陈的账户，或者说保存了变量 xiaochen_money 的地址。

第 16 行输出 account 的新值，就是小陈的账户地址。

第 17 行给 account 所在地址中的数据增加了 300 元，account 是地址，使用运算符 * 表示的是该地址中所保存的数据。

第 18 行输出小陈账户的余额，和之前相比增加了 300 元。

指针在使用前必须关联已分配的变量，或者初始化为 NULL（0）。在这个程序中，account 只有 3 种选择：NULL（空）、&xiaowang_money（小王的账户地址）、&xiaochen_money（小陈的账户地址）。通常地址是一个很大的数字，不会是 1、2、3 等小数字，因为地址很小的那块内存早就被操作系统或其他核心程序所占用。

9.2　数组和指针

指针和单个变量一起使用的机会并不是太多，在大部分场合下和数组相关。先看一段使用数组的代码：

```
1   #include <stdio.h>
2   #define N 6
3
4   int main(int argc, char *argv[ ])
5   {
6       int i, a[N];
7       for(i=0; i<N; i++) a[i] = 2*i+1;
8       for(i=0; i<N; i++)
9       printf("%4d", a[i]);      // 输出结果 1 3 5 7 9 11
10      return 0;
11  }
```

这段代码还可以这样写：

```
1   #include <stdio.h>
2   #define N 6
3
4   int main(int argc, char *argv[ ])
5   {
6       int i, a[N];
7       int *p = a;
8       for(i=0; i<N; i++) p[i]=2*i+1;
9       for(i=0; i<N; i++)
10          printf("%4d", p[i]);
11      // p[i] 也可以写成 *(p+i)
12      return 0;
13  }
```

第 7 行代码分开写，则意思更清楚：

```
int *p;
p = a;
```

第 1 步表示 p 是地址变量，而且是只能保存 int 类型的变量地址。第 2 步将整型数组 a 的首地址保存到 p。之所以能这么做，是因为所谓的数组 a 其实是常量地址。int a[N] 的作用是在内存中申请了一块区域，申请后，就不能再变动，a 是这块区域的首地址，也就意味着 a 就是一个常量地址。

为何 a 不能变化呢？因为一旦 a 发生了变化，这块区域就变成了无人认领的野地，这是相当危险的。

在实际应用中，很少看到上述代码，因为这样做并没有提供任何帮助。下面关于字符串的例子有一定的意义。

不使用指针遍历的程序：

```
1   #include <stdio.h>
2   #include <string.h>
3   #define N 20
4
```

```
5   int main(int argc, char *argv[ ])
6   {
7       int i;
8       char s[N] = "Hello, World";
9       for(i=0; i < strlen(s); i++)
10          putchar(s[i]);
11      return 0;
12  }
```

上述代码为了输出字符串，还需要额外使用一个整型变量 i，所以有经验的程序员是这样写的：

```
1   #include <stdio.h>
2   #define N 20
3
4   int main(int argc, char *argv[ ])
5   {
6       char s[N] = "Hello, World", *p;
7       for (p=s; *p!='\0'; p++)    // 也可以写成 for (p=s; *p; p++)
8           putchar(*p);
9       return 0;
10  }
```

第 7 行代码体现了遍历的思想，*p 遍历了字符串 s 中的每一个字符。

在函数调用中，直接使用指针遍历更为常见。下面的程序把输出字符串的功能写成了函数 print_string。

```
1   #include <stdio.h>
2   #define N 20
3
4   void print_string(char *p)
5   {
6       for ( ; *p; p++) putchar(*p);
7   }
8
9   int main(int argc, char *argv[ ])
10  {
11      char s[N] = "Hello, World", *p;
12      print_string(s);
13      return 0;
14  }
```

下面的代码回顾了本节的重点。

```
1   #include <stdio.h>
2   #include <string.h>
3   #define N 20
4
5   int main(int argc, char *argv[ ])
```

```
6  {
7      int i;
8      char s[N] = "Hello, World", *p;
9      printf("%d\n", sizeof(s));            // 字符数组 s 占用的空间，20
10     printf("%d\n", strlen(s));            // 字符串 s 的长度，12
11     for(p=s; *p!='\0'; p++)               // 绝对地址递增
12         printf("%p: %c\n", p, *p);
13     printf("\n\n");
14     for(i=0; i<strlen(s); i++)            // 偏移量 i 的地址
15         printf("%p: %c\n", s+i, s[i]);    // 起始地址 s + 偏移量 i
16     return 0;
17 }
```

比较程序中的两个循环，可以发现第 1 个循环采用了绝对地址递增的方式，第 2 个循环采用了起始地址 s+ 偏移量 i 的方式，循环变量 i 在这里可理解为相对于常量地址 s 的偏移量。

9.3 函数的调用

9.3.1 传值调用

在前面的介绍中，程序都是以传值的方式将参数值传递给被调用函数，被调用函数无法直接修改主调函数中变量的值。

在图 9-2 所示的例子中，在执行到 f(n) 时，系统会为函数 f 内的变量 x 和 y 申请空间，然后把实际参数 n 的值复制到 x，对 x 的任何修改都不会影响到实际参数 n 的值。函数 f 执行完毕计算出 y 后，将 y 的值返回给主函数使用，调用结束。

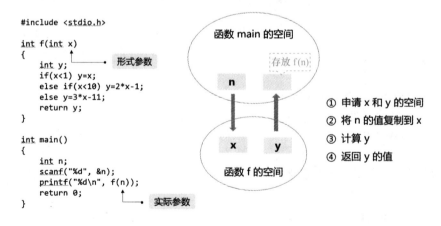

图 9-2　函数的传值调用示意图

下面程序中的 swap 函数的本意是想交换两个变量的值，但是当运行该程序时，发现并没有达到预期的目的，main 函数中的 a 和 b 还是原来的值。

```
1   #include <stdio.h>
2
3   void swap(int x, int y)
4   {
5       int t;
6       t = x;   x = y;   y = t;
7   }
8
9   int main(int argc, char *argv[ ])
10  {
11      int a=5, b=3;
12      swap(a, b);
13      printf("%d %d\n", a, b);  // 5 3
14      return 0;
15  }
```

之所以出现这样的结果，是因为 swap 函数采用了传值调用的方式，C 语言数学库函数的绝大部分、ctype 库中的所有函数都是采用传值调用的方式。在调用 swap 函数时，运行机制是将 a 的值 5 复制后传递给 swap 函数内的 x，将 b 的值 3 复制后传递给 swap 函数内的 y，在 swap 函数内确实是实现了两个变量值的交换，但对原有的 x 和 y 则毫无影响。

9.3.2 传地址调用

在 C 语言中，还有另外一种称为传地址调用的方式，这种方式可以实现交换两个整数的值的功能。下面的代码就采用了传地址调用的方式：

```
1   #include <stdio.h>
2
3   void swap(int *px, int *py)
4   {
5       int t;
6       t = *px;   *px = *py;   *py = t;
7   }
8
9   int main(int argc, char *argv[ ])
10  {
11      int a=5, b=3;
12      swap(&a, &b);
13      printf("%d %d\n", a, b);
14      return 0;
15  }
```

需要注意的是，在第 12 行调用函数 swap 时，传递的就是整型变量 a 和 b 所在的地址。下面的代码把中间数据详细地展示出来，方便大家理解 swap 的功能。

```
1   #include <stdio.h>
2
3   void swap(int *px, int *py)
4   {
5       int t;
6       printf("px: %p\n", px); printf("py: %p\n", py);
7       t = *px;        // 将地址 px 指向的值保存到 t
8       *px = *py;      // 将地址 py 指向的值直接保存到地址 px
9       *py = t;        // 将值 t 直接保存到地址 py
10  }
11
12  int main(int argc, char *argv[ ])
13  {
14      int a=5, b=3;
15      printf("a address is %p\n", &a);
16      printf("b address is %p\n", &b);
17      swap(&a, &b);
18      printf("%d %d\n", a, b);
19      return 0;
20  }
```

运行结果如下：

a address is 0060FF2C

b address is 0060FF28

px: 0060FF2C

py: 0060FF28

3 5

采用传值调用的函数最多返回一个值，需要返回多个值的时候就要采用传地址调用。

下面的示例程序中的 add_sub 函数同时计算出两个数的和与差的值，就采用了传地址调用的方式。

```
1   #include <stdio.h>
2   void add_sub(double x, double y, double *t1, double *t2)
3   {
4       *t1 = x+y;
5       *t2 = x−y;
6   }
7
8   int main(int argc, char *argv[ ])
9   {
10      double a,b,c, d;
11      scanf("%lf %lf",&a, &b);
12      add_sub(a, b, &c, &d);
13      printf("sum is %.3lf, sub is %.3lf\n",c, d);
14      return 0;
15  }
```

传地址调用应用最多的地方就是数组。想象一下，如果要对一个超大规模的数组进行排序，采用传值调用，首先需要复制数组，然后排序，再把数据复制回原处，这样大大降低了程序的运行效率。

C 语言在设计之初，主要用于系统级开发，对于效率的要求非常高，所以在 C 语言中，数组只有传地址调用。

下面这个程序中的 bubble_sort 函数被调用时，得到的是数组的首地址，在函数内部，通过方括号 [ ] 引用了保存在地址的内容，* 和 [ ] 都可以取得地址的内容。

```
1  #include <stdio.h>
2  #define N 6
3  void bubble_sort(int v[ ], int n)
4  {
5      int i, j, t;
6      for(i=0; i<n-1; i++)
7          for (j=0; j<n-1-i; j++)
8              if (v[j]>v[j+1])
9              {
10                 t = v[j]; v[j] = v[j+1]; v[j+1]=t;
11             }
12 }
13 int main(int argc, char *argv[ ])
14 {
15     int i, a[N] = { 2, 3, 9, 1, 0, 7};
16     bubble_sort(a, N);
17     for (i=0; i<N; i++)
18         printf("%d ", a[i]);
19     printf("\n");    // 输出是 0 1 2 3 7 9
20     return 0;
21 }
```

输出结果表明，数组 a 的内容已经改变。数组采用传地址调用避免了大量数据的复制和移动。

9.4 字符串指针和字符数组：只读和可写

字符串指针和字符数组常常让初学者一头雾水，比如下面这个例子：

```
1  #include <stdio.h>
2  int main(int argc, char *argv[ ])
3  {
4      char *p = "Hello, World";
5      char s[ ] = "Hello, World";
6      puts(p);                    // 输出 Hello, World
7      puts(s);                    // 输出 Hello, World
```

```
8        printf("%d %d\n", sizeof(p), sizeof(s)); // 13 4
9        p = p + 7;
10       puts(p);                       // 输出 World
11       return 0;
12   }
```

第 4 行的变量 p 是字符串指针，第 5 行的变量是字符数组 s，两者最根本的区别是在内存中的存储区域不一样。字符串指针存储在常量区，只有读取权限；字符数组存储在全局数据区或栈区，有读取和写入的权限。两者的对比如图 9-3 所示。

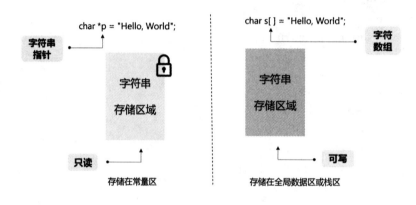

图 9-3   字符串指针和字符数组的区别：只读和可写

第 4 行代码会为字符串"Hello, World"在常量区申请一块区域并初始化，然后将这块区域的首地址提供给 p。

第 5 行代码声明并初始化了字符数组 s，数组的大小由编译系统根据初始化字符串来确定，在这里是字符串本身的长度 12 加上字符串终结符"\0"的长度 1，最终长度是13。s 是常量地址，是这个区域的首地址，不得变化。

9.5   指针数组和命令行参数 *

如果一个数组中存放的都是地址，则这个数组称为地址数组，也就是指针数组。下面的程序是地址数组的一个应用。

```
1    #include <stdio.h>
2
3    int main(int argc, char *argv[ ])
4    {
5        int i;
6        char *name[ ] = { "Illegal month",
7            "January", "February", "March",
8            "April", "May", "June",
9            "July", "August", "September",
10           "October", "November", "December" };
```

```
11      for (i=1; i<=12; i++)
12          printf("%p: %s\n", name[i], name[i]);
13      printf("%d\n", sizeof(name));
14      return 0;
15  }
```

程序运行结果（具体地址的值会有所不同）：

```
0040300E: January
00403016: February
0040301F: March
00403025: April
0040302B: May
0040302F: June
00403034: July
00403039: August
00403040: September
0040304A: October
00403052: November
0040305B: December
52                      // 32 位编译器是 52、64 位编译器是 104
```

代码说明如下：

第 6 ～ 10 行代码：系统为这些表示月份的字符串申请空间并初始化，然后将这 13 个字符串的首地址保存在数组 name 中，也就是 name[0]、name[1]……name[12]。

第 12 行代码：name[i] 表示的是字符串首地址，所以使用占位符 %p 时，结果是地址；使用占位符 %s 时，输出的是字符串。

第 13 行代码：name 是保存地址的数组，大小是 13。当使用 32 位编译器时，任何地址都是 4 个字节，输出是 52；当使用 64 位编译器时，输出是 104。

指针数组（地址数组）只能保存地址，在这个例子中，是系统给字符串常量分配好地址之后，再把这些字符串的首地址保存到指针数组中。

现在可以真正去理解主函数 main(int argc, char *argv[ ]) 中的参数含义了。第 1 个参数 argc 表示命令行参数的个数，字符串地址数组用于保存用户输入的字符串的首地址。

下面的程序输出所有的命令行参数，每行一个。

```
1   #include <stdio.h>
2   int main(int argc, char *argv[ ])
3   {
4       int i;
5       printf("argc=%d\n", argc);
6       for (i=0; i<argc; i++)
7           printf("%d: %s\n", i, argv[i]);
8       return 0;
9   }
```

将该程序命名为 hello.c，编译后，在命令行运行下面的命令：

```
hello  simple useful  3.142
```

则程序的输出为

argc=4

0: hello

1: simple

2: useful

3: 3.142

命令行的首个参数是命令本身，然后才是真正的参数。

参数的传递是由操作系统来完成的，命令行的所有参数都被认为是字符串，即使输入的数据看上去像整数或实数。前面的程序从键盘输入的数据实际上是由 scanf 根据占位符来完成转换的。

下面的代码以命令行参数的方式计算两个整数之和，标准库函数 atoi 将字符串转换成整数。

```
1   #include <stdio.h>
2   #include <stdlib.h> // for atoi
3   int main(int argc, char *argv[ ])
4   {
5       printf("%d\n", atoi(argv[1]) + atoi(argv[2]));
6       return 0;
7   }
```

9.6   指向函数的指针：快速排序函数的应用 *

指向函数的指针简称函数指针，其实就是函数在内存中的地址。C
语言标准库中的快速排序函数 qsort() 就需要使用函数指针。

快速排序由托尼·霍尔（Tony Hoare，见图 9-4）在 1959
年发明，在 1961 年公布，他也因此在 1980 年获得图灵奖。它的
基本思想是：把待排序的数据分割成独立的两部分，其中一部分
的所有数据比另外一部分的所有数据都要小，然后再按此方法对
这两部分数据分别进行快速排序，整个排序过程可以递归进行，
以此达到整个数据变成有序序列。

图 9-4　托尼·霍尔

快速排序在标准库函数 stdlib 中的定义如下：

```
1   void qsort( void *buf, size_t num, size_t size,
2                   int (*compare)(const void *, const void *) );
3   /*
4   base      --     数组的起始地址
5   nitems    --     数组的元素个数
6   size      --     每个元素占用的空间
7   compare   --     比较标准
8   */
```

排序通常有两个要素：数据和比较标准。库函数 qsort 为了保证通用性，数据采用了通用指针类型 void*，排序方法也抽象为指向函数的指针（函数地址）。

下面这段代码调用了快速排序函数来实现数组的两种排序：由小到大和由大到小。

```
1   #include <stdio.h>
2   #include <stdlib.h>
3   #define     N   5
4
5   int cmp_asc (const void * a, const void * b)
6   {
7       return ( *(int*)a − *(int*)b );
8   }
9
10  int cmp_desc (const void * a, const void * b)
11  {
12      return ( *(int*)b − *(int*)a );
13  }
14
15  int main(int argc, char *argv[ ])
16  {
17      int i, v[N] = {88, 56, 69, 2, 25};
18      printf("function com_asc  address: %p\n", cmp_asc);
19      printf("function com_desc address: %p\n", cmp_desc);
20      printf("Before qsort:      ");
21      for(i=0; i<N; i++) printf("%4d ", v[i]);
22
23      qsort(v, N, sizeof(int), cmp_asc);
24
25      printf("\nAfter qsort( asc): ");
26      for (i=0; i<N; i++) printf("%4d ", v[i]);
27
28      qsort(v, N, sizeof(int), cmp_desc);
29
30      printf("\nAfter qsort(desc): ");
31      for (i=0; i<N; i++) printf("%4d ", v[i]);
32      putchar('\n');
33      return(0);
34  }
```

输出结果如下：

```
function com_asc  address: 004012F0
function com_desc address: 00401310
Before qsort:      88   56   69    2   25
After qsort( asc):  2   25   56   69   88
After qsort(desc): 88   69   56   25    2
```

为了对整数类型进行由小到大的排序，上述代码定义了函数 cmp_asc，这个函数的参数是和 qsort 中要求的比较标准一致的, 都是 const void * a, const void * b。在函数体中 (第
7 行), *(int*)a 写成 *((int*)a) 会更容易理解, 作用是把通用地址类型 void * 强制转化成 int *,
然后再使用运算符 * 取出该地址中的数据。

　　qsort 在设计上充分考虑了通用性, 可以用于各种数据类型, 把比较标准的确定交给了
函数的使用者。第 23 行和第 28 行两次调用了 qsort, 带排序的数据相同, 比较标准则使用
了不同的函数地址 (指向函数的指针)。

9.7　函数和字符串指针

　　字符串指针实际是指向字符数组中的第一个字符的指针。

　　在 printf("Hello") 中, printf 接受的就是字符串指针。下面的代码演示了通过数组和指
针两种方式来实现字符串的遍历。

```
1    #include <stdio.h>
2
3    int main(void)
4    {
5        char s[ ] = "Hello";
6        char *p = s;
7        int i;
8        putchar(*p++);
9        putchar(*p++);
10       putchar(*p++);
11       putchar(*p++);
12       putchar(*p++);
13       if (*p=='\0') puts("\nYes");
14       printf("%p %p\n", s, p);
15       for (i=0; s[i]!='\0'; i++) putchar(s[i]);    // 数组方式遍历
16       for (p=s; *p!='\0'; p++) putchar(*p);        // 指针方式遍历
17       return 0;
18   }
```

运行结果如下:
Hello
Yes
0x7ff7b0d30d26 0x7ff7b0d30d2b
HelloHello

　　在上述代码中, s 是存放初始化字符串以及空字符 '\0' 的一维数组。p 是一个指针, 其
初值指向一个字符串常量 s。通过执行五次 putchar(*p++), 遍历了字符串 s。遍历完成后,
p 指向空字符 '\0'。当使用 for 循环来遍历字符串, 有两种方式: ①把字符串看成是字符数
组, 采用循环变量来遍历数组; ②使用指针指向字符数组第一个字符, 通过移动指针的方式,
获取当前指针所指向的字符。

指针自增，表示指向下一个对象。后置自增运算符 ++ 在判断表达式之后再自增，因此判断该循环控制表达式得到的是 *s 的值，即 s 指向的字符（自增处理前的字符）。只要这个值不为 0（不为 NULL），循环语句就会不断循环下去，每次循环，p 都会自增。

下面通过几个常用的字符串操作来进一步理解字符指针的使用。

【示例1】编写函数，计算字符串的长度。

说明：在 C 语言标准库中，已经有计算字符串长度的函数 strlen()，为避免重名，这里把函数命名为 str_length()。

【方法1】通过遍历数组的方式来计算长度。

```
int str_length(const char s[ ])
{
    int len=0, i=0;
    while (s[i]!='\0') i++, len++;
    return len;
}
```

【方法2】通过使用指针来遍历字符串，并计算长度。

```
int str_length(const char s[ ])
{
    int len=0;
    while (*s!='\0') s++, len++;
    return len;
}
```

使用指针的优点是不需要使用下标运算，不再需要循环变量 i，这样编写出的程序就具有更好的运行效率。

上述代码中的表达式 *s!='\0' 可以简化为 *s，再合并自增表达式，则代码简化如下：

```
int str_length(const char s[ ])
{
    int len=0;
    while (*s++) len++;
    return len;
}
```

【示例2】编写函数，实现字符串的复制。

先来看一下标准库中字符串复制函数 strcpy() 的原型。

原型声明：char *strcpy(char *dest, const char *src);

头文件：#include <string.h>

功能：把从 src 地址开始且含有 '\0' 结束符的字符串复制到以 dest 开始的地址空间。

说明：src 和 dest 所指内存区域不能重叠，且 dest 必须有足够的空间来容纳 src 的字符串。

返回：指向 dest 的指针。

【方法1】通过复制数组的方式来实现字符串的复制。

```
#include <stdio.h>

// 把从 s 地址开始且含有 '\0' 结束符的字符串复制到以 t 开始的地址空间
void str_copy(char *t, const char *s)
{
    int i = 0;
    while (s[i]!='\0') {
        t[i] = s[i];
        i++;
    }
    t[i] = '\0';
}

int main(void)
{
    char s[128] = "Hello", t[128];
    str_copy(t, s);
    puts(t);
    return 0;
}
```

【方法2】 使用指针遍历字符串的方式来实现字符串的复制。

```
void str_copy(char *t, const char *s)
{
    while (*s!='\0') {
        *t = *s;
        s++, t++;
    }
    *t = '\0';
}
```

把字符的赋值和比较合并在一起，代码如下：

```
void str_copy(char *t, const char *s)
{
    while ((*t=*s)!='\0')
        s++, t++;
}
```

把后置自增运算符合并到比较操作中，代码如下：

```
void str_copy(char *t, const char *s)
{
    while ((*t++=*s++)!='\0')
        ;
}
```

条件表达式简化后的代码如下：

```
void str_copy(char *t, const char *s)
{
    while ((*t++=*s++))
        ;
}
```

【示例3】编写函数，比较两个字符串。

标准库函数中，比较两个字符串的函数是 strcmp()，该函数是 string compare（字符串比较）的缩写，用于比较两个字符串并根据比较结果返回整数。基本形式为 strcmp(str1, str2)。若 str1=str2，则返回零；若 str1<str2，则返回负数；若 str1>str2，则返回正数。

ANSI 标准规定，返回值为正数、负数或零，确切数值是依赖不同的 C 编译器实现的。当两个字符串不相等时，C 标准没有规定返回值会是 1 或 −1，只规定了正数和负数。有些编译器会把两个字符的 ASCII 码之差作为比较结果由函数值返回。

下面的代码使用标准库中的 strcmp 来比较两个字符串。

```
#include <stdio.h>
#include <string.h>

int main(void)
{
    printf("%d\n", strcmp("ABC", "ABC"));  // 0
    printf("%d\n", strcmp("ABC", "Abc"));  // −1
    printf("%d\n", strcmp("AB", "ABC"));  // −1
    printf("%d\n", strcmp("ABC", "AB"));  // 1
    return 0;
}
```

下面利用自定义函数 str_cmp，分别采用两种方式实现两个字符串的比较，返回的是正整数、零或者负整数。

【方法1】使用字符串看成字符数组的方式。

```
#include <stdio.h>

int str_cmp(const char *s, const char *t)
{
    int i;
    for (i=0; s[i]==t[i]; i++)
        if (s[i]=='\0') return 0;
    return s[i]−t[i];
}

int main(void)
{
    printf("%d\n", str_cmp("ABC", "ABC"));
    printf("%d\n", str_cmp("ABC", "Abc"));
    printf("%d\n", str_cmp("AB", "ABC"));
    printf("%d\n", str_cmp("ABC", "AB"));
    return 0;
}
```

【方法2】使用指针遍历字符串的方式。

```
int str_cmp(const char *s, const char *t)
{
```

```
    for (; *s==*t; s++, t++)
        if (*s=='\0') return 0;
    return *s – *t;
}
```

习 题

1. 变量的指针，其含义是指该变量的_____。

    a）值   b）地址

    c）名   d）一个标志

2. 若有语句 int *point,a=4; 和 point=&a; 下面均代表地址的一组选项是_____。

    a）a,point,*&a   b）&*a,&a,*point

    c）*&point,*point,&a   d）&a,&*point ,point

3. 若有说明 int *p,m=5,n; 以下正确的程序段是_____。

    a）p=&n; scanf("%d",&p);   b）p=&n; scanf("%d",*p);

    c）scanf("%d",&n); *p=n;   d）p=&n; *p=m;

4. 有以下程序

```
#include<stdio.h>
int main(int argc, char *argv[ ])
{
    int m=1,n=2,*p=&m,*q=&n,*r;
    r=p; p=q; q=r;
    printf("%d,%d,%d,%d\n",m,n,*p,*q);
    return 0;
}
```
程序运行后的输出结果是_____。

    a）1，2，1，2   b）1，2，2，1

    c）2，1，2，1   d）2，1，1，2

5. 有以下程序段，b 的值是_____。

int a[10]={1,2,3,4,5,6,7,8,9,10}, *p=&a[3], b; b=p[5];

    a）5   b）6   c）8   d）9

6. 若有以下定义：int a[5], *p=a; 则对 a 数组元素的正确引用是_____。

    a）*&a[5]   b）a+2   c）*(p+5)   d）*(a+2)

7. 若有以下定义：int a[10], *p=a; 则 p+5 表示_____。

    a）元素 a[5] 的地址   b）元素 a[5] 的值

    c）元素 a[6] 的地址   d）元素 a[6] 的值

8. 设 p1 和 p2 是指向同一个字符串的指针变量，c 为字符变量，则以下不能正确执行的赋值语句是_____。

    a）c=*p1+*p2;   b）p2=c;   c）p1=p2;   d）c=*p1*(*p2);

第10章
自定义数据类型——结构体

Chapter

10.1 初识结构体：重写两点之间的距离

使用基本数据类型编写的计算两点之间距离的程序是这样的：

```
1   #include <stdio.h>
2   #include <math.h>
3   int main(int argc, char *argv[ ])
4   {
5       double x1, y1, x2, y2, distance;
6       scanf("%lf%lf%lf%lf", &x1, &y1, &x2, &y2);
7       distance = sqrt( (x1-x2)*(x1-x2)+(y1-y2)*(y1-y2) );
8       printf("%.3lf\n", distance);
9       return 0;
10  }
```

在这个程序中，x1 和 y1 是作为独立变量存在的。在图形领域，点是最基本的对象。如果有大量的点需要赋值、复制、传递给函数，这种写法就很烦琐，代码的可读性差。

在 C 语言中，可以由设计人员自己来定义所需的数据类型，这类自定义的数据类型称为结构体（struct）。例如，一本书总是包含书号、书名、单价等内容，于是把书号、书名、单价结合成一个类型，这样的数据类型是自定义的数据类型，这就是结构体。

上面的代码可以使用结构体改写：

```
1   #include <stdio.h>
2   #include <math.h>
3
4   typedef struct point {
5       double x;
6       double y;
7   } Point;                        // Point 是结构体类型 struct point 的别名
8
9   int main(int argc, char *argv[ ])
10  {
```

```
11      Point pt1, pt2;              // 相当于 struct point pt1, pt2
12      double distance;
13      scanf("%lf%lf%lf%lf", &pt1.x, &pt1.y, &pt2.x, &pt2.y);
14      distance = sqrt((pt1.x-pt2.x)*(pt1.x-pt2.x)+
15                      (pt1.y-pt2.y)*(pt1.y-pt2.y));
16      printf("%.3lf\n", distance);
17      return 0;
18 }
```

使用结构体后，主函数内的代码可读性得到提高，第 11 行声明了两个 Point 类型的变量 p1 和 p2，第 13 ～ 15 行使用点运算符来访问横坐标 x 和纵坐标 y。

在声明、使用 Point 类型变量之前，需要做的一项工作就是定义 Point 的组成。代码第 4 ～ 7 行是典型的类型定义方式。这 4 行代码其实做了两件事情——定义结构体并起别名，可以分开来写，结构体 Point 的定义和占用空间说明如图 10-1 所示。

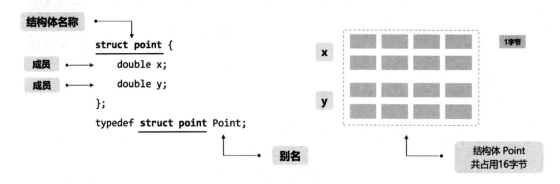

图 10-1　结构体 Point 的定义和占用空间说明

图 10-1 左侧先定义了类型 struct point，并使用关键字 typedef 给 struct point 起了别名为 Point，这样就可以像使用基本类型一样使用自定义类型了。如果不起别名，则声明两个点时，只能写成 "struct point p1, p2"。结构体 struct point 有两个成员变量 x 和 y，由于这两个变量是 double 类型，所以共占用 16 个字节。

需要说明的是，typedef 声明并没有创建一个新类型，它只是为某个已经存在的类型增加一个新的名称而已，使得表达方式简洁自然。

结构体类型可以作为函数的参数和返回值，下面的函数展示了求两个点的中点。

```
1   // 省略了包含语句，结构体类型定义同上
2   Point getMidPoint(Point a, Point b)
3   {
4       Point c = { (a.x+b.x)/2, (a.y+b.y)/2 };
5       return c;
6   }
7
8   int main(int argc, char *argv[ ])
9   {
10      Point pt1 = {0, 0}, pt2 = {3, 4}, pt3, pt4;
```

```
11      pt3 = pt2;
12      pt4 = getMidPoint(pt1, pt3);
13      printf("midpoint is (%.2f,%.2f)\n", pt4.x, pt4.y);
14      return 0;
15   }
```

第 10 行代码是结构体的初始化，各个成员变量的顺序要和创建类型时的顺序一致。

10.2 结构体的初始化和三种访问方式

例 输出成绩最好的学生的信息。

如下所示，输入 3 个学生的信息，分别是学号、姓名和成绩，要求输出其中成绩最好的学生的个人信息。

10101 liming 87
10105 zhangshan 95
10108 wangwei 82

学生的个人信息是非常典型的描述结构的又一例子。本例中由于学号是 5 位，既可以采用字符串，也可以用整型变量，这里采用整型变量来存储。使用结构体变量比较成绩的代码如下：

```
1    #include <stdio.h>
2
3    typedef struct student {
4        int  num;
5        char name[10];
6        int score;
7    } Student;
8
9    int main(int argc, char *argv[ ])
10   {
11       Student s1, s2, s3, max;
12       scanf("%d%s%d", &s1.num, s1.name, &s1.score);
13       scanf("%d%s%d", &s2.num, s2.name, &s2.score);
14       scanf("%d%s%d", &s3.num, s3.name, &s3.score);
15       max = s1;
16       if (max.score<s2.score)  max=s2;
17       if (max.score<s3.score)  max=s3;
18       printf("%d %s %d\n", max.num, max.name, max.score);
19   }
```

第 12 ～ 14 行是 scanf 语句，分别读入各个成员变量，占位符和取地址符号 & 是否使用取决于各个成员变量的基本数据类型，学号 num 和分数 score 是整型，需要用取地址符号；

成员变量 name 是字符数组，本身是常量地址，不再需要用取地址符号。

结构体变量同样可以使用地址（指针）来访问。基本数据类型的变量一般是 1～8 个字节，内容复制、函数参数的传值等操作的开销小，使用地址来访问的意义不大；而对于占用大量空间的结构体类型，使用地址（指针）访问结构体变量是很常见的操作。下面的程序就使用了地址（指针）变量。

```
1    // 结构体类型定义同上
2    int main(int argc, char *argv[ ])
3    {
4        Student *p = NULL;
5        Student s1 = { 10101, "liming", 87};
6        Student s2 = { 10105, "zhangshan", 95};
7        Student s3 = { 10108, "wangwei", 82};
8
9        p = &s1;
10       if ((*p).score < s2.score)  p = &s2;    // (*p).score 很少用
11       if (p->score < s3.score)  p = &s3;  // p->score 经常用
12       printf("%d %s %d\n", p->num, p->name, p->score);
13       return 0;
14   }
```

第 4 行声明了用于保存结构体地址的变量 p，并初始化为空，第 9 行先获取 s1 的地址，第 10～11 行视情形而定，是否更新 p 的值。

值和地址可以通过 * 和 & 相互转换，在这里，可以使用 *p 表示 Student 类型的变量，结构体的各个成员也可以使用（*p）.num、（*p）.name 和（*p）.score 来表示。这里的括号是必需的，因为结构成员运算符 "." 的优先级高于 * 的优先级。

结构体指针的使用频度非常高，为方便表达，C 语言提供了另一种简写方式。假定 p 是一个指向结构体的指针（地址），可以用 "p-> 结构成员" 来表示相应的结构体成员。

第 10 行和第 11 行代码中的（*p）.score 和 p->score 是完全等价的，后者是更为普遍的使用方式。图 10-2 是结构体变量的三种访问方式。

Student s1 = { 10101, "liming", 87};

p = & s1;

❶ **s1.score**   ❷ **p->score**   ❸ **(*p).score**

变量方式引用   指针方式引用   指针方式引用

图 10-2　结构体变量的三种访问方式

使用指针方式寻找成绩最好的学生，该方式有两个优点：①节省了复制结构体变量的时间；②节省了 1 个结构体变量的空间。

10.3 数据类型的空间分配

每种数据类型占用的空间大小有差异，即使是同一种数据类型占用的字节数也未必相同，取决于编译器。在 C 语言中使用操作符 sizeof 来获得变量、表达式或数据类型本身所占用的字节数。

注意： sizeof 和 + 、 − 、 ++ 、 & 等符号一样是操作符，尽管看起来像函数。

下面的程序展示了基本数据类型和数组、结构体所占用的字节数。

```
1  #include <stdio.h>
2
3  typedef struct point {
4      double x;
5      double y;
6  } Point;
7
8  typedef struct student {
9      char sno[12];
10     char name[40];
11     char sex;
12     int  age;
13     int  score;
14 } Student;
15
16 int main(int argc, char *argv[ ])
17 {
18     double  x, a[10];
19
20     printf("char's    length is %d\n", sizeof(char));
21     printf("int's     length is %d\n", sizeof(int));
22     printf("double's  length is %d\n", sizeof(x));
23     printf("float's   length is %d\n", sizeof(float));
24     printf("long's    length is %d\n", sizeof(long));
25     printf("array's   length is %d\n", sizeof(a));
26     printf("Point's   length is %d\n", sizeof(Point));
27     printf("Student's length is %d\n", sizeof(Student));
28
29     return 0;
30 }
```

采用 32 位编译程序后，代码的运行结果如下：

```
char's      length is 1
int's       length is 4
double's    length is 8
float's     length is 4
long's      length is 4
```

array's length is 80
Point's length is 16
Student's length is 64

说明： 结构体类型 Student 实际占用 61 个字节，为了实现 4 字节对齐，编译器分配了 64 个字节。

10.4 初识链表（自引用结构）

链表是一种物理存储单元上非连续、非顺序的存储结构，数据元素的逻辑顺序是通过链表中的指针链接次序实现的。链表由一系列结点（链表中每一个元素称为结点）组成，结点可以在运行时动态生成。每个结点包括两个部分：一个是存储数据元素的数据域，另一个是存储下一个结点地址的指针域。

链表是一种自引用结构，在定义类型中引用了自身。下面的程序中定义了结构体类型 struct student，在该类型的定义中，第 3 个成员变量 next 是地址类型，并且这个地址指向的类型是 struct student。

下面的程序声明了 3 个结构体变量 a、b、c 和 1 个地址 head，代码第 24 行的作用是把 a、b、c 链接起来，其中 c 是终结点，head 保存的是 a 的地址，head 也被称为头指针，第 26 行调用函数输出整个链表的各个成员变量。这几个结点的关系可参考静态链表的示意图，如图 10-3 所示。

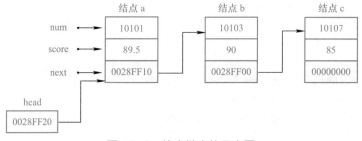

图 10-3 静态链表的示意图

在函数 print_linked_list 中，地址变量 p 遍历了链表中各个元素的地址，最终 p 的值为 NULL。链表在结构上类似于字符串，只需要获得链表的第一个元素所在的地址就可以遍历所有元素。字符串终结标志是指针内容为 '\0'，而链表终结标志是指针（地址）为 NULL。在 C 语言中，0、'\0' 和 NULL 是完全相同的，都是 0。

```
1   #include <stdio.h>
2
3   struct student {
4       int num;
5       float score;
6       struct student *next;
7   };
```

```
8
9   void print_linked_list(struct student* head)
10  {
11      struct student *p;
12      for (p=head; p!=NULL; p=p->next)      // 遍历链表
13          printf("%p: (%ld, %.1f, %p)\n",
14                  p, p->num, p->score, p->next);
15  }
16
17  int main(int argc, char *argv[ ])
18  {
19      struct student a, b, c, *head;
20      printf("size of a is %2d\n", sizeof(a));
21      a. num=10101; a.score=89.5;
22      b. num=10103; b.score=90;
23      c. num=10107; c.score=85;
24      head = &a; a.next = &b; b.next = &c; c.next = NULL;
25      printf("address: a %p, b %p, c %p\n", &a, &b, &c);
26      print_linked_list(head);
27      return 0;
28  }
```

程序运行结果如下，由于涉及地址，地址部分可能会有所不同。

```
sizeof a is 12
address: a 0060FF20, b 0060FF10, c 0060FF00
0060FF20: (10101, 89.5, 0060FF10)
0060FF10: (10103, 90.0, 0060FF00)
0060FF00: (10107, 85.0, 00000000)
```

10.5 共用体：节约内存

多个不同的变量共用同一段内存的结构称为"共用体"（union），有些书也称之为"联合"或"联合体"。共用体和结构体非常类似，下面的代码展示了共用体和结构体的特点。

```
1   #include <stdio.h>
2
3   typedef struct scoreS {
4       int math;
5       int english;
6       int chinese;
7   } ScoreS;
8
9   typedef union scoreU {
10      int math;
11      int english;
```

```
12      int chinese;
13  } ScoreU;
14
15  int main(void)
16  {
17      ScoreS s;
18      ScoreU u;
19      printf("%d %d\n", (int)sizeof(s), (int)sizeof(u));
20      s.math = 95, s.english = 96, s.chinese = 97;
21      u.math = 95, u.english = 96, u.chinese = 97;
22      printf("%d %d %d\n", s.math, s.english, s.chinese);
23      printf("%d %d %d\n", u.math, u.english, u.chinese);
24      return 0;
25  }
```

代码的运行结果如下：

```
12 4
95 96 97
97 97 97
```

结构体占用的内存大于等于所有成员占用的内存的总和（成员之间可能会存在缝隙），共用体占用的内存等于最长的成员占用的内存。共用体使用了内存覆盖技术，同一时刻只能保存一个成员的值，如果对新的成员赋值，就会把原来成员的值覆盖掉。

共用体在 PC 编程中应用较少，在单片机中应用较多。这也和单片机拥有的计算资源要远小于 PC 机有很大的关系。

 习　题

1. 下面的代码自定义了数据类型 struct student

```
typedef struct student
{
    char sno[12];
    char name[40];
    char sex;
    int   age;
    int   score;
} Student;
```

同时使用关键字_____给新的数据类型 struct student 创建了一个别名_____。

2. typedef 为 C 语言的关键字，是英文 type definition 的简写，作用是为一种数据类型定义一个新名字。这里的数据类型包括基本数据类型（int、char 等）和自定义的数据类型（struct 等）。请应用 typedef 给 int 类型起一个新的名字 KeyType。

3. 自定义数据类型 Student 的定义如下：

```
typedef struct student {
    char name[10];
    char sex;
```

```
        int score;
} Student;
Student s1= {"liu",'f',78};
Student *p=&s1;
```

p 是指向结构体变量 struct student 的指针，并且指向 s1。这样，就有三种方式可以用来访问 s1 的成员变量 score：①通过结构体变量访问____，②通过 *p 来访问____，③通过 p-> 来访问____。

4. 设有定义：

```
struct person
{ int ID;char name[12];}  p;
```

请将 scanf（"%d"，_____）；语句补充完整，使其能够为结构体变量 p 的成员 ID 正确读入数据。

5. 设有以下结构类型说明和变量定义，则变量 a 在内存中所占字节数是____。

```
struct student {
        char num[6];
        int s[4];
        double average;
} a;
```

6. 设有以下说明语句，则下面的叙述中不正确的是____。

```
struct ex {
        int x ;
        float y;
        char z ;
} example;
```

a）struct ex 是结构体类型　　　　　　　b）example 是结构体类型名

c）x、y、z 都是结构体成员名　　　　　　d）struct 是结构体类型的关键字

7. 有 n 个学生的信息，包括学号、姓名、成绩，要求按照成绩的高低依次输出各学生的信息。学生的类型定义和初始化数据如下：

```
struct Student {
        int num;
        char name[20];
        double score;
};

struct Student stu[5]= {
        {10211, "Zhang", 78},
        {10203, "Wang", 98.5},
        {10206, "Peng", 86},
        {10228, "Ling", 73.5},
        {10210, "Shen", 100}
};
```

第 11 章
文件处理

Chapter 11

11.1 文件与流

11.1.1 文件基础知识

　　文件系统是操作系统的重要功能和组成部分。人们从开始学习计算机知识，就一直在与文件打交道。如在 Windows 操作系统中，打开"资源管理器"，可以看到许多文件，有很多工具可以查看文件内容。每个文件都有文件名，并且有自己的属性，文件可以通过应用程序创建。运行"记事本"程序，输入一些数据，然后保存并输入文件名，就会在磁盘中产生一个文本文件。如果在用"记事本"程序编辑文件时不"保存"，那么磁盘上就不会产生记事本数据文件，数据就不会写入磁盘，若不保存而直接关闭了应用程序，数据就会消失。实际上，用"记事本"编辑文件时，输入的数据先是在内存中，保存后，数据才被写入磁盘文件中。

　　在操作系统中，文件是指驻留在外部介质（如磁盘等）中的一个有序数据集，可以是源文件、目标文件、可执行程序，也可以是待输入的原始数据，或是一组输出的结果。源文件、目标文件和可执行程序可称为程序文件，输入输出数据可称为数据文件。数据文件还可分为各种类型，如文本文件、图像文件、声音文件、可执行文件等。应用程序会把数据写入磁盘中的文件，这就是所谓的"存盘"。使用应用程序时，通常保存功能实现把数据从内存写入文件，打开功能实现把磁盘文件的内容读入内存。

11.1.2 文件和流

　　文件本质上就是一串数据流，通过内容区分文件类型是留给应用程序的任务。

　　文件流是以外存文件为输入输出对象的数据流。输出文件流是从内存流向外存文件的数据，输入文件流是从外存文件流向内存的数据。每一个文件流都有一个内存缓冲区与之对应。针对文件、键盘、显示器、打印机等外部设备的读写操作都是通过流（stream）进行的。图 11-1 所示为程序写数据到文件的示意图。

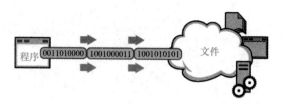

图 11-1　程序写数据到文件的示意图

大多数的输入输出是通过键盘和显示器来实现的，为了方便起见，C 语言规定了 3 种标准流。在之前的程序中，能够方便地使用 scanf、printf 等函数处理输入输出操作，是因为在启动一个 C 语言程序时，操作系统环境已经将标准流准备好了。

标准流有以下 3 种，它们之间的关系如图 11-2 所示。

（1）stdin——标准输入流（standard input stream）

用于读取普通输入的流。在大多数环境下，指的是从键盘输入。scanf 和 getchar 等函数会从这个流中读取字符。

（2）stdout——标准输出流（standard output stream）

用于写入普通输出的流。在大多数环境下，指的是输出至显示器。printf、puts 与 putchar 等函数会向这个流写入字符。

（3）stderr——标准错误流（standard error stream）

用于输出错误的流。在大多数环境下，指的是输出至显示器。

C 语言之所以提供了 stdout 和 stderr 两种输出流，是为了区分正常的输出数据和信息诊断数据，在重定向和管道中能体现出来。stdout 可被重定向到文件或管道，而写到 stderr 中的输出通常还是显示在屏幕上。

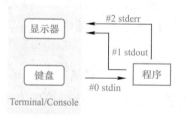

图 11-2　3 种标准流

11.1.3　文本文件和二进制文件

根据文件的组织形式，文件可分为文本文件和二进制文件，它们是常用的两种文件形式。

按文本文件存放数据时，整个文件采用统一编码格式，如 ASCII、UTF8、GBK 等。数据按照其编码格式存储到文件中，读写时系统还要转换，影响了传输效率，而且占用存储空间也较大。文本文件的优点是其中的内容可以通过 Windows 中的记事本等工具显示在终端屏幕上，直观、易理解。

按二进制文件存放数据时，其存放形式与数据在内存中的存储形式相同，所以不需要转换，提高了执行效率，而且还能节省存储空间。

例如，如图 11-3 所示，整数 12345678 以文本格式存放在文件中，需要占 8 个字节，读取到内存中还需要转化为二进制的形式；而如果以二进制的形式存放在文件中，则占用 4 个字节，并且在文件和内存中的形式是一致的，无须转换。

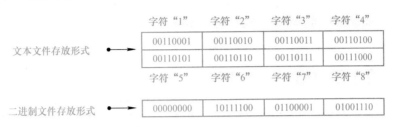

图 11-3　十进制数字 12345678 分别按文本文件和二进制文件存放

11.1.4　文件缓冲系统

由于系统对磁盘文件数据的存取速度与内存数据存取访问的速度不同，而且文件数据量较大，数据从磁盘读到内存或从内存写到磁盘文件不可能瞬间完成。为了提高数据存取访问的效率，C 语言程序对文件的处理采用缓冲文件系统的方式进行，这种方式要求程序与文件之间有一个内存缓冲区，程序与文件的数据交换通过该缓冲区来进行。

根据这种文件缓冲的特性，把文件系统分为缓冲文件系统与非缓冲文件系统。在 UNIX 操作系统中，用缓冲文件系统来处理文本文件，用非缓冲文件系统处理二进制文件，而 ANSI C 中规定只采用缓冲文件系统。因此，下面重点介绍缓冲文件系统。

缓冲文件系统将会自动在内存中为被操作的文件开辟一块连续的内存单元作为文件缓冲区。图 11-4 所示的文件缓冲示意图包括 3 个部分，左边是程序数据区，右边是磁盘，中间是内存缓冲区。程序要操作磁盘文件的数据，必须要借助内存缓冲区。缓冲文件系统规定磁盘与内存缓冲区之间的交互由操作系统自动完成，程序要处理数据，只需要跟内存缓冲区打交道即可。因此，C 语言程序在处理文件时，可不必考虑外部磁盘的物理特性。

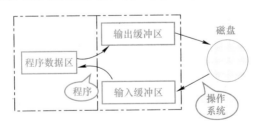

图 11-4　文件缓冲示意图

11.2　文件的打开和关闭方法

在 Windows 操作系统下，通常使用记事本打开文本文件，编辑修改完毕后再保存，程序中的处理过程也大体如此。文件处理流程如图 11-5 所示。

打开文件 ⇒ 处理文件 ⇒ 关闭文件

图 11-5　文件处理流程

在 C 语言中，使用库函数 fopen 来打开文件，该函数的原型如下：

FILE *fopen(char *filename, char *mode);

该函数的功能是打开文件名为 filename 所指字符串的文件，mode 为文件的操作方式，其含义见表 11-1。

表 11-1　文件的操作方式和含义

文 件 类 型	操 作 方 式	含　义	指定文件不存在时	指定文件存在时
文本文件	r	只读	出错	正常打开
	w	只写	建立新文件	覆盖原有内容
	a	追加	建立新文件	在原有内容末尾追加
	r+	读写	出错	正常打开
	w+	读写	建立新文件	覆盖原有内容
	a+	读写	建立新文件	在原有内容末尾追加
二进制文件	rb	只读	出错	正常打开
	wb	只写	建立新文件	覆盖原有内容
	ab	追加	建立新文件	在原有内容末尾追加
	rb+	读写	出错	正常打开
	wb+	读写	建立新文件	覆盖原有内容
	ab+	读写	建立新文件	在原有内容末尾追加

表中的 r、w、a 是 3 种基本的操作方式，分别表示读、写和添加，"+"表示可读可写。如果在上述访问模式之后再加上 b，如"rb"或"wb"等，则表示对二进制文件进行操作。

若文件打开成功，则返回一个指向包含该文件信息的结构体的指针（非 0 值）；若文件打开失败，则返回空值 NULL（值为 0）。

文件使用完毕，应用函数 fclose() 关闭，以避免文件的数据丢失。

下面的代码演示了以只读模式进行文件的打开和关闭操作。

```
1   #include <stdio.h>
2   int main(int argc, char *argv[ ])
3   {
4       FILE *fp;
5       fp = fopen("abc.txt", "r");
6       if (fp==NULL) {
7           printf("fail to open the file!\n");
8           return 1;
9       }
10      printf("read/write operation\n");
11      fclose(fp);
12      return 0;
13  }
```

11.3 文件的读写

在程序设计中，文件的读和写是最常用的操作，在 C 语言中，提供了 4 类函数来对文件进行读写，见表 11-2。

表 11-2　C 语言中的文件读写函数

文件读写函数的类别	函 数 名	适 用 情 况
字符读写函数	fgetc( ) 和 fputc( )	文本文件，二进制文件
数据块读写函数	fread( ) 和 fwrite( )	文本文件，二进制文件
按行读写函数	fgets( ) 和 fputs( )	文本文件
格式化读写函数	fscanf( ) 和 fprint( )	

11.3.1 字符的读写：显示文件的内容和复制文件

例 11-1　假定在目录 D:\code\11-file 下有文件 abc.txt，编写程序在屏幕上显示该文件的内容。

程序代码如下：

```
1   #include <stdio.h>
2   int main(int argc, char *argv[ ])
3   {
4       FILE *fp;
5       int c;                          // 注意读取目录要多一个反斜杠
6       fp = fopen("D:\\code\\11-file\\abc.txt", "r");
7       if (fp==NULL) {
8           printf("fail to open the file!\n");
9           return 1;
10      }
11      while ((c=fgetc(fp))!=EOF)       // 读取赋值并比较
12          putchar(c);
13      fclose(fp);
14      return 0;
15  }
```

在第 2 章用到的函数 getchar( ) 等价于 fgetc(stdin)，函数 putchar(c) 则等价于 fputc (c, stdout)。

事实上，如果将文件读取到的字符输出到目标文件而不是标准输出流（屏幕），前面的程序就变成文件复制的程序了。

例 11-2　复制文件：在命令行指定源文件名和目标文件名，将源文件中的内容复制到目标文件中。执行文件复制的操作如图 11-6 所示。

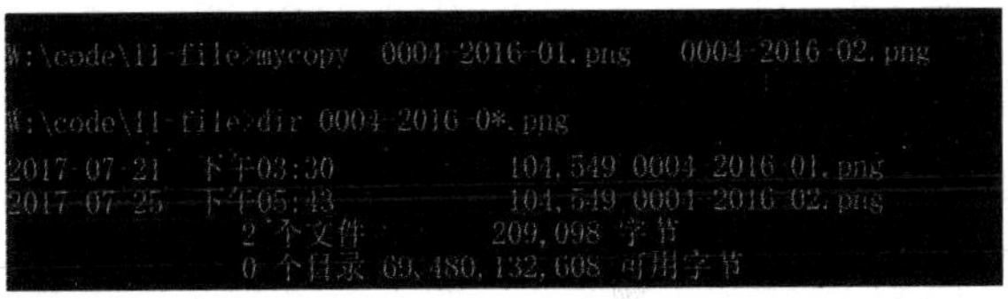

图 11-6　执行文件复制的操作

如果要复制二进制文件，则文件打开操作需要使用二进制模式（读为"rb"，写为"wb"，b 代表 binary），代码如下所示：

```
1   #include <stdio.h>
2   int main(int argc, char *argv[ ])
3   {
4       FILE *fp1, *fp2;
5       int c;
6
7       if ((fp1=fopen(argv[1], "rb"))==NULL ||
8           (fp2=fopen(argv[2], "wb"))==NULL)
9       {
10          printf("Failed to open file.\n" );
11          return 1;
12      }
13      while ((c=fgetc(fp1))!=EOF)          // 遍历并复制
14          fputc(c, fp2);
15      fclose(fp1);
16      fclose(fp2);
17      return 0;
18  }
```

上述代码中，真正处理复制文件的代码其实就两行，采用了第 4 章中介绍的"读取、赋值并比较"的三合一结构。

11.3.2 数据块的读写：复制文件

使用单个字符来复制文件虽然可行，但效率太低。在实际使用中，通常用读写数据块的方式来操作文件，能大大提高读写的效率。只需要把上述代码中复制文件的两行进行修改，就可以得到下面的代码：

```
1   #include <stdio.h>
2
3   #define BUFSIZE 1024
4   int main(int argc, char *argv[ ])
5   {
6       FILE *fp1, *fp2;
7       char buffer[BUFSIZE];
8       int bytes;
9       if ((fp1=fopen(argv[1], "rb"))==NULL ||
10          (fp2=fopen(argv[2], "wb"))==NULL) {
11          printf("Failed to open file.\n" );
12          return 1;
13      }
14      while ((bytes=fread (buffer, 1, sizeof(buffer), fp1))>0)
15          fwrite(buffer, 1, bytes, fp2);
16      fclose(fp1);
17      fclose(fp2);
18      return 0;
19  }
```

函数 fread( ) 和 fwrite( ) 用于读写指定大小的数据块，这两个函数的返回值是正确读取或写入的对象的数量。数据块大小可以通过两种方式获得，默认的方式是计算第 2 个参数（单个对象的大小）和第 3 个参数（所有对象的数量）的乘积获得。后来在实际的应用中，往往将第 2 个参数设置为 1，通过操作符 sizeof 直接获得数据块的大小并设置为第 3 个参数，如图 11-7 所示。

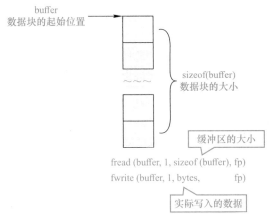

图 11-7　数据块读写函数示意图

在文件复制的操作中，需要特别注意的一点是，使用 fwrite 函数写入的数据必须是正确读入的数据，而不是设置的数据块的大小。这是由于文件的大小未必是数据块的整数倍，这样导致最后一次读入时，fread 函数真正读取到的数据往往小于数据块的大小。例如，文件大小为 2200 个字节，如果数据块的大小设置为 1024 字节，那么前两次能读取到完整的 1024 字节，第 3 次则只能读取到 2200-1024×2=152 字节。

11.3.3　逐行处理：搜索模式串

文本文件和二进制文件的一个重要区别就在于对换行符的处理上，在不同的操作系统中，对于换行还有不小的差别。

回车和换行

在计算机还没有出现之前，有一种叫作电传打字机（Teletype Model 33）的机器，每秒钟可以打 10 个字符。但是它有一个问题，就是打完一行换行的时候，要用去 0.2s，正好可以打两个字符。要是在这 0.2s 里面，又有新的字符传过来，那么这个字符将丢失。于是，研制人员想了个办法解决这个问题，就是在每行后面加两个表示结束的字符。一个叫作"回车"，告诉打字机把打印头定位在左边界；另一个叫作"换行"，告诉打字机把纸向下移一行。这就是"回车"和"换行"的来历。

后来，出现了计算机，这两个概念也就被运用到了计算机上。那时，存储器价格昂贵，一些科学家认为在每行结尾加两个字符太浪费了，加一个就可以，于是就出现了分歧。

在 UNIX 系统里，每行结尾只有"< 换行 >"，即"\n"；在 Windows 系统里，每行结尾是"< 回车 >< 换行 >"，即"\r\n"；在 Mac 系统里，每行结尾是"< 回车 >"。一个直接后果是，UNIX/Mac 系统下的文件在 Windows 里打开的话，所有文字会变成一行；而 Windows 里的文件在 UNIX/Mac 下打开的话，在每行的结尾可能会多出一个 ^M 符号。

C 语言提供了两个按行读写函数 fgets( ) 和 fputs( ) 来处理文本文件。下面通过示例来学习 fgets( ) 函数的使用。

例 11-3 搜索模式串。

从输入文件（或者标准输入）中，搜索特定的模式串，并将该模式串所在行的行号及内容输出到屏幕。

这个问题可通过使用 fgets( ) 函数按行读取，如果该行包含了指定的模式，则输出该行并计数。strstr( ) 函数可用来检索子串在字符串中首次出现的位置，其原型为 char *strstr (char *str, char * substr)，返回字符串 str 中第一次出现子串 substr 的地址；如果没有检索到子串，则返回 NULL。

假设要搜索的模式是"printf"，代码如下：

```
1   #include <stdio.h>
2   #include <string.h>
3   #define MAXLINE 1000
4
5   int main(int argc, char *argv[ ])
6   {
7       char line[MAXLINE];
8       char pattern[ ] = "printf";
9       int found = 0, i = 0;
10
11      while (fgets(line, MAXLINE, stdin) > 0) {
12          i++;
13          if (strstr(line, pattern)) {
14              printf("%2d: %s", i, line);
15              found++;
16          }
17      }
18      printf("total found: %d\n", found);
19      return 0;
20  }
```

如果把这个程序文件本身作为程序的输入，则输出如下：

```
D:\code\11-file>search-pattern < search-pattern.cpp
 8:     char pattern[ ] = "printf";
14:             printf("%2d: %s", i, line);
18:     printf("total found: %d\n", found);
total found: 3
```

fgets( ) 函数从输入文件中读取下一个输入行（包括换行符），并将它存放在字符数组 line 中，它最多可读取 maxline-1 个字符，读取的行将以 '\0' 结尾保存到数组中，设定最多可读取字符数的目的是为了避免出现"缓冲区溢出"。该函数的使用如图 11-8 所示。

图 11-8　fgets( ) 函数的使用

通常情况下，fgets( ) 返回 line，但如果遇到了文件结尾或发生了错误，则返回 NULL。

注意： 永远不要使用 gets( )！该函数从标准输入读入用户输入的一行文本，它在遇到 EOF 字符或换行字符之前，不会停止读入文本，使用 gets( ) 总是有可能使任何缓冲区溢出。作为一个替代方法，可以使用 fgets( )，它可以完成与 gets( ) 所做的同样的事情，但它接受用来限制读入字符数目的参数。

缓冲区溢出

缓冲区溢出是一种非常普遍、非常危险的漏洞，在各种操作系统、应用软件中广泛存在。利用缓冲区溢出攻击，可以导致程序运行失败、系统宕机、重新启动等后果。更为严重的是，可以利用它执行非授权指令，甚至可以取得系统特权，进而进行各种非法操作。第一个缓冲区溢出攻击—— Morris 蠕虫发生在 1988 年，由罗伯特·莫里斯制造，它曾造成全世界 6000 多台网络服务器瘫痪。

11.3.4　文件的格式化输入：处理 CSV 文件 *

C 语言中的格式化输入函数 scanf( ) 的功能非常强大，该函数还有两个类似功能的函数 sscanf( ) 和 fscanf( )，分别用于处理从字符串中或文件中格式化读入、输入。

scanf 系列函数默认采用空格（包括制表符和换行）为分隔符，但不仅限于空格。下面的示例展示了 fscanf( ) 函数处理以逗号为分隔符的用法。

例 11-4　从 CSV 文件 600036.csv 中读取数据，输出其中的第 1 列（日期）和第 4 列（收盘价）。文件共 11 行，这里列出前 4 行，内容如下：

```
日期,股票代码,名称,收盘价,涨跌额,涨跌幅,成交量,成交金额
2017-07-14,'600036,招商银行,25.18,0.28,1.1245,50806029,1271884056.0
2017-07-13,'600036,招商银行,24.9,0.56,2.3007,55940416,1386998099.0
2017-07-12,'600036,招商银行,24.34,0.26,1.0797,85800391,2107028263.0
```

CSV 文件

CSV 是 Comma-Separated Values 的简写，意思是以逗号分隔值，以纯文本的形式存储表格数据（数字和文本）。CSV 文件可以用 Excel 查看。

CSV 并不是一种单一的、定义明确的格式，在实践中，泛指具有以下特征的任何文件：①纯文本，使用某个字符集，如 ASCII、Unicode、EBCDIC 或 GB2312—1980；②由记录组成（典型的是每行一条记录）；③每条记录被分隔符分隔为字段（典型分隔符有逗号、分号或制表符）；④每条记录都有同样的字段序列。

程序需要解决两个小问题：跳过第 1 行；从每行数据中选取想要的数据。代码如下：

```
1   #include <stdio.h>
2   int main(int argc, char *argv[ ])
3   {
4       FILE *fp;
5       double price, sum = 0.0;
6       char date[20];
7       fp = fopen("600036.csv", "r");
8       if (fp==NULL) {
9           printf("fail to open the file!\n");
10          return 1;
11      }
12      fscanf(fp, "%*[^\n]\n", NULL);
13      while (fscanf(fp, "%[^,],%*[^,],%*[^,],%lf,%*[^\n]\n",
14                      date,                    &price)>0)
15          printf("%s:%6.2f\n", date, price);
16      fclose(fp);
17      return 0;
18  }
```

理解代码的关键，在于理解格式化字符串，如"%*[^\n]\n"。下面对代码中涉及的格式化字符串做简要说明。

%[ ] 表示要读入一个字符集合，方括号内的字符串可以由多个字符组成，如 %[a-z] 表示匹配 a ~ z 中任意字符。如果"["后面第一个字符是"^"，则表示取反的意思，即求"[ ]"内字符集的补集，%[^a] 匹配非 a 的任意字符。加了星号 (*) 表示跳过此数据不读入，也就是不把此数据读入参数中。

为了要跳过第 1 行，代码中使用了格式串"%*[^\n]\n"。"%[^\n]"表示匹配除了换行符外的所有字符，也就是读取一整行，后面的"\n"用于匹配行尾的换行符。

用于选择第 1 项和第 4 项的格式化字符串相对复杂，可以对比原字符串来理解，如图 11-9 所示。

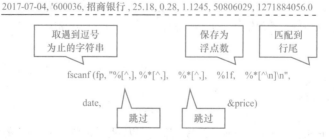

图 11-9　格式化字符串的对比解析

格式化字符串中总共有 5 个 "%"，前 4 个分别匹配第 1～4 项，最后一个用于匹配每一行的剩余部分，图 11-9 中虚线所表示的部分不需要保存，所以在 "%" 后添加了 "*"，所需要的两个数据保存在了变量 date 和 price 中。

11.4　文件的定位与随机读写

前面介绍的文件读写函数都是顺序读写，即读写文件只能从头开始，依次读写各个数据。但在实际开发中经常需要读写文件的中间部分，要解决这个问题，就得先移动文件内部的位置指针，再进行读写。这种读写方式称为随机读写，意思是可从文件的任意位置开始读写。C 语言提供了两个实现重新定位的函数，即 rewind() 和 fseek()，还提供了函数 ftell() 用来获取文件读写指针的当前位置。

rewind() 用来将位置指针移动到文件开头，其原型如下：

void rewind (FILE *fp);

fseek() 用来将位置指针移动到任意位置，其原型如下：

int fseek (FILE *fp, long offset, int origin);

其中 offset 为偏移量，也就是要移动的字节数，origin 为起始位置，也就是从何处开始计算偏移量。C 语言规定的起始位置有 3 种，分别为文件开头、当前位置和文件末尾，每个位置都用对应的常量来表示，见表 11-3。

表 11-3　文件中的起始位置说明

起　始　点	常　量　名	常　量　值
文件开头	SEEK_SET	0
当前位置	SEEK_CUR	1
文件末尾	SEEK_END	2

ftell() 函数用来获取文件读写指针的当前位置，其原型如下：

long ftell(FILE * stream);

返回值是从文件开头到当前位置的字节数，失败返回 -1。

下面以示例程序来展示这些函数的用法。程序的输入来自文件 student_record.txt，文件共 4 行，每行一条记录，如下所示：

10101, liming, 87
10105, zhangshan, 95
10108, wangwei, 82
10106, qianduoduo, 75

程序先打开该文本文件，以二进制的方式写入文件 student_record.bin，然后再从该二进制文件中，通过定位函数确定位置，读入特定的记录并输出。代码如下：

```
1   #include <stdio.h>
2
3   typedef struct student {
4       int  num;
5       char name[20];
6       int score;
7   } Student;
8
9   int main(int argc, char *argv[ ])
10  {
11      FILE *fpText, *fpBin;
12      Student t;
13      fpText = fopen("student_record.txt", "r");
14      fpBin  = fopen("student_record.bin", "wb+");
15      while (fscanf(fpText, "%d,%[^,],%d",
16                     &t.num, t.name, &t.score)!=EOF)
17        fwrite(&t, sizeof(t), 1, fpBin);
18      printf("pos %d, state: writing done\n",
19               ftell(fpBin)/sizeof(t));
20      rewind(fpBin);
21      printf("pos %d, state: rewind\n",
22               ftell(fpBin)/sizeof(t));
23      fread(&t, sizeof(t), 1, fpBin);
24      printf("record: %d %s %d\n", t.num, t.name, t.score);
25      fseek(fpBin, 2*sizeof(t), SEEK_SET);
26      printf("pos %d, state: after seek\n",
27               ftell(fpBin)/sizeof(t));
28      fread(&t, sizeof(t), 1, fpBin);
29      printf("record: %d %s %d\n", t.num, t.name, t.score);
30      printf("pos %d, state: after seek and read\n",
31               ftell(fpBin)/sizeof(t));
32      fclose(fpText);
33      fclose(fpBin);
34      return 0;
35  }
```

输出结果如下：

```
pos 4, state: writing done
pos 0, state: rewind
record: 10101  liming 87
pos 2, state: after seek
record: 10108  wangwei 82
pos 3, state: after seek and read
```

上述代码中，第 15～17 行代码的作用是从源文件读取数据后，以二进制的方式写入到目标文件；第 20 行代码通过 rewind( ) 函数重新定位目标文件的起始处；第 25 行代码使用 fseek() 函数重新定位到第 3 个记录之前。

 习　题

1. 简要说明 C 语言规定的 3 种标准流。

2. 为什么要关闭文件?

3. 编写程序, 从键盘输入一些字符, 逐个把它们保存到文件 "keyboard.txt" 中, 直到用户输入 "#" 为止。

4. 有 n 个学生的信息, 包括学号、姓名、成绩, 要求按照成绩的高低依次把各学生的信息写入文本文件 student.txt 中。学生的类型定义和初始化数据如下:

```
struct Student {
    int num;
    char name[20];
    double score;
};

struct Student stu[5]= {
    {10211, "Zhang", 78},
    {10203, "Wang", 98.5},
    {10206, "Peng", 86},
    {10228, "Ling",73.5},
    {10210, "Shen",100}
};
```

5. 把上题中的要求改为保存到二进制文件 student.bin 中, 然后从该文件中读取第 3 条记录。

附　录

附录 A　常用字符与 ASCII 值对照表

ASCII 值	字　符	ASCII 值	字　符	ASCII 值	字　符	ASCII 值	字　符
0	NUT	32	(space)	64	@	96	`
1	SOH	33	!	65	A	97	a
2	STX	34	"	66	B	98	b
3	ETX	35	#	67	C	99	c
4	EOT	36	$	68	D	100	d
5	ENQ	37	%	69	E	101	e
6	ACK	38	&	70	F	102	f
7	BEL	39	,	71	G	103	g
8	BS	40	(	72	H	104	h
9	HT	41	)	73	I	105	i
10	LF	42	*	74	J	106	j
11	VT	43	+	75	K	107	k
12	FF	44	,	76	L	108	l
13	CR	45	–	77	M	109	m
14	SO	46	.	78	N	110	n
15	SI	47	/	79	O	111	o
16	DLE	48	0	80	P	112	p
17	DC1	49	1	81	Q	113	q
18	DC2	50	2	82	R	114	r
19	DC3	51	3	83	S	115	s
20	DC4	52	4	84	T	116	t
21	NAK	53	5	85	U	117	u
22	SYN	54	6	86	V	118	v
23	ETB	55	7	87	W	119	w
24	CAN	56	8	88	X	120	x
25	EM	57	9	89	Y	121	y
26	SUB	58	:	90	Z	122	z
27	ESC	59	;	91	[	123	{
28	FS	60	<	92	/	124		
29	GS	61	=	93	]	125	}
30	RS	62	>	94	^	126	~
31	US	63	?	95	_	127	（DEL）

附录 B 运算符的优先级和结合性

优 先 级	运 算 符	含 义	类 型	结 合 方 向
1	() [] -> .	圆括号 下标运算符 指向结构体成员运算符 结构体成员运算符		左结合
2	! ~ ++ -- - (类型) * & sizeof	逻辑非运算符 按位取反运算符 自增运算符 自减运算符 负号运算符 类型转换运算符 指针运算符 地址运算符 长度运算符	一元运算符	右结合
3	* / %	乘法运算符 除法运算符 求余运算符	二元运算符	左结合
4	+ -	加法运算符 减法运算符	二元运算符	左结合
5	<< >>	左移运算符 右移运算符	二元运算符	左结合
6	< <= > >=	关系运算符	二元运算符	左结合
7	== !=	等于运算符 不等于运算符	二元运算符	左结合
8	&	按位与运算符	二元运算符	左结合
9	^	按位异或运算符	二元运算符	左结合
10			按位或运算符	二元运算符	左结合
11	&&	逻辑与运算符	二元运算符	左结合
12	||	逻辑或运算符	二元运算符	左结合
13	? :	条件运算符	三元运算符	右结合
14	= += -= *= /= %= >>= <<= &= ^= |=	赋值类运算符	二元运算符	右结合
15	,	逗号运算符（顺序求值运算符）		左结合

附录 C　常用库函数

C 语言程序设计中，大量的功能实现需要库函数的支持，包括最基本的 scanf( ) 和 printf( ) 函数。库函数不是 C 语言的一部分，但每一个实用的 C 语言编译器都会提供 ANSI C 提出的标准库函数的实现，标准库函数已成为 C 语言中不可缺少的组成部分。

（1）数学函数

数学函数中除了求整型数绝对值函数 abs( ) 在 <stdlib.h> 中说明外，其余均在头文件 <math.h> 中说明，形式参数默认类型为 double。对应的编译预处理命令如下：

#include <math.h>

函 数 名 称	函 数 原 型	函 数 功 能	返 回 值
abs	int abs(int x)	返回整型数 x 的绝对值	计算结果
acos	double acos(x)	计算 $\cos^{-1}(x)$ 的值，$-1 \le x \le 1$	计算结果
asin	double asin(x)	计算 $\sin^{-1}(x)$ 的值，$1 \le x \le 1$	计算结果
atan	double atan(x)	计算 $\tan^{-1}(x)$ 的值	计算结果
atan2	double atan2(x, y)	计算 $\tan^{-1}(x/y)$ 的值	计算结果
cos	double cos(x)	计算 $\cos(x)$ 的值，x 的单位为弧度	计算结果
cosh	double cosh(x)	计算 x 的双曲余弦 cosh 的值	计算结果
exp	double exp(x)	求 e^x 的值	计算结果
fabs	double fabs(x)	求 x 的绝对值	计算结果
floor	double floor(x)	求不大于 x 的最大整数	该整数的双精度实数
fmod	double fmod(x, y)	求整除 x/y 的余数	返回余数的双精度实数
frexp	double frexp(val, eptr) double val; int * eptr	把双精度数 val 分解为数字部分（尾数）和以 2 为底的指数 n，即 val=x×2^n，n 存放在 eptr 指向的变量中	数字部分 x $0.5 \le x<1$
log	double log(x)	求 $\log_e x$ 即 lnx	计算结果
log10	double log 10(x)	求 $\log_{10} x$	计算结果
modf	double modf(val, iptr) double val; double * iptr	把双精度数 val 分解为整数部分和小数部分，把整数部分存到 iptr 指向的单元	val 的小数部分
pow	double pow (x, y)	计算 x^y 的值	计算结果
sin	double sin(x)	计算 $\sin(x)$ 的值，x 的单位为弧度	计算结果
sinh	double sinh(x)	计算双曲线正弦函数 sinh(h) 的值	计算结果
sqrt	double sqrt(x)	计算 $\sqrt{x}(x \ge 0)$	计算结果
tan	double tan(x)	计算 $\tan(x)$ 的值 x 为弧度	计算结果
tanh	double tanh(x)	计算双曲线正切函数 tanh(x) 的值	计算结果

（2）字符函数

字符函数在 <ctype.h> 中说明，这些函数接受 int 作为参数。对应的编译预处理命令如下：

```
#include <ctype.h>
```

函数名称	函数原型	函数功能
isalpha	int isalpha(int c)	检查字符是否是字母和数字
islower	int islower(int c)	检查字符是否是小写字母（a～z）
isupper	int isupper(int c)	检查字符是否是大写字母（A～Z）
isdigit	int isdigit(int c)	检查字符是否是十进制数字
isalnum	int isalnum(int c)	检查字符是否是字母和数字
isspace	int isspace(int c)	检查字符是否是空白字符（空格、制表符或换行符）
iscntrl	int iscntrl(int c)	检查字符是否是控制字符（其 ASCII 码值在 0～0xlf 之间）
isprint	int isprint(int c)	检查字符是否是可打印的（其 ASCII 码值在 0×21～0×7e 之间）
ispunct	int ispunct(int c)	检查字符是否是标点符号字符
isgraph	int isgraph(int c)	检查字符是否有图形表示法（其 ASII 码在 0×21～0×7e 之间）
isxdigit	int isxdigit(int c)	检查字符是否是十六进制数字（即 0～9，或 A～F，a～f）
tolower	int tolower(int c)	把大写字母转换为小写字母
toupper	int toupper(int c)	把小写字母转换为大写字母

（3）字符串函数

字符串函数在 <string.h> 中说明。对应的编译预处理命令如下：

```
#include <string.h>
```

函数名称	函数原型	函数功能	返回值
memchr	void memchr(buf, ch, count) void * buf;char ch; Unsigned int count;	在 buf 的前 count 个字符里搜索字符 ch 首次出现的位置	返回值指向 buf 中 ch 第一次出现的位置指针；若没有找到 ch，则返回 NULL
memcmp	int memcmp(buf1,buf2,count) void * buf1,* buf2; unsigned int count	按字典顺序比较由 buf1 和 buf2 指向数组的前 count 个字符	buf1<buf2，为负数 buf1=buf2，返回 0 buf1>buf2，为正数
memcpy	void *memcpy(to,from,count) void * to,*from; unsigned int count;	将 from 指向的数组中前 count 个字符复制到 to 指向的数组中，from 和 to 指向的数组不允许重叠	返回指向 to 的指针
mem move	void * mem move(to,from,count) void * to,* from; unsigned int count;	将 from 指向的数组中前 count 个字符复制到 to 指向的数组中，from 和 to 指向的数组可以允许重叠	返回指向 to 的指针
memset	void * memset(buf, ch, count) void * buf;char ch; unsigned int count;	将字符 ch 复制到 buf 所指向的数组的前 count 个字符串	返回 buf
strcat	char * strcat(str1,str2) char *str1, * str2;	把字符串 str2 接到 str1 后面，取消原来的 str1 最后面的串结束符 '\0'	返回 str1
strchr	char * strchr(str,ch) char * str; int ch;	找出 str 指向的字符串中第一次出现字符 ch 的位置	返回指向该位置的指针，若找不到，则应返回 NULL

函数名称	函数原型	函数功能	返 回 值
strcmp	int strcmp(str1,str2) char * str1 ,*str2;	比较字符串 str1 和 str2	str1<str2，为负数 str1=str2，返回 0 str1>str2，为正数
strcpy	char * strcpy(str1, str2) char * str1, * str2;	把 str2 指向的字符串复制到 str1 中去	返回 str1
strlen	unsigned int strlen(str) char *str;	统计字符串 str 中字符的个数（不 包括终止符 '\0'）	返回字符个数
strncat	char * strncat(str1,str2,count) char * str1, * str2; unsigned int count;	把字符串 str2 指向的字符串中 最多 count 个字符连到字符串 str1 后面，并以 NULL 结尾	返回 str1
strncmp	int strncmp(str1,str2,count) char * str1, * str2; unsigned int count;	比较字符串 str1 和 str2 中最多 的前 count 字符	str1<str2，为负数 str1=str2，返回 0 str1>str2，为正数
strncpy	char * strncpy(str1,str2,count) char * str1, * str2; unsigned int count;	把 str2 指向的字符串中最多前 count 个字符复制到串 str1 中去	返回 str1
strnset	char * setnset(buf,ch,count) char *buf;char ch; unsigned int count;	将字符 ch 复制到 buf 所指向的 数组的前 count 个字符串中	返回 buf
strset	char * strset(buf,ch) char * buf;char ch;	将 buf 所指向字符串中的全部字 符都变为 ch	返回 buf
strstr	char * strstr(str1,str2) char * str1, * str2;	寻找 str2 指向的字符串在 str1 指向的字符串中首次出现的位置	返回 str2 指向的子串首次出现的 地址，否则返回 NULL

（4）输入输出函数

输入输出函数在 <stdio.h> 中说明。对应的编译预处理命令如下：

#include <stdio.h>

函数名称	函数原型	函数功能	返 回 值
clearerr	void clearerr(fp) FILE * FP;	清除文件指针错误	无
close	int close(fp) int fp;	关闭文件（非 ANSI 标准）	关闭成功返回 0，不成功返回 −1
creat	int creat(filename,mode) char * filename; int mode;	以 mode 所指定的方式建立文件 （非 ANSI 标准）	成功则返回正数，否则返回 −1
eof	in eof(fd) int fd;	判断文件（非 ANSI 标准）是否 结束	遇文件结束返回 1；否则返回 0
fclose	int fclose(fp) FILE * fp;	关闭 fp 所指的文件，释放文件 缓冲区	关闭成功返回 0；否则返回非 0
feof	int feof(fp) FILE * fp;	检查文件是否结束	遇文件结束返回非 0；否则返回 0
ferror	int ferror (fp) FILE * fp;	测试 fp 所指的文件是否有错误	无错误返回 0；否则返回非 0
fflush	int fflush(fp) FILE * fp;	将 fp 所指的文件的控制信息和 数据存盘	存盘正确返回 0；否则返回非 0
fgetc	in fgetc(fp) FILE * fp;	从 fp 指向的文件中取得下一个 字符	返回得到的字符。若出错返回 EOF

（续）

函 数 名 称	函 数 原 型	函 数 功 能	返 回 值
fgets	char * fgets(buf,n,fp) char * buf;int n; FILE * fp;	从 fp 指向的文件读取一个长度为（n-1）的字符串，存入起始地址为 buf 的空间	返回地址 buf，若遇文件结束或出错，则返回 EOF
fopen	FILE * fopen(filename,mode) char * filename. * mode;	以 mode 指定的方式打开名为 filename 的文件	成功，返回一个文件指针；否则返回 0
fprintf	int fprintf(fp,format,args,···) FILE * fp; char * format;	把 args 的值以 format 指定的格式输出到 fp 所指定的文件中	实际输出的字符数
fputc	int fputc(ch,fp) char ch; FILE * fp;	将字符 ch 输出到 fp 指向的文件中	成功，则返回该字符，否则返回 EOF
fputs	int fputs(str,fp) char str; FILE * fp;	将 str 所指定的字符串输出到 fp 指定的文件中	成功返回 0，若出错返回 EOF
fread	int fread(pt,size,n,fp) char * pt; unsigned size; unsigned n; FILE * fp;	从 fp 所指定的文件中读取长度为 size 的 n 个数据项，存到 pt 所指向的内存区	返回所读的数据项个数，如遇文件结束或出错，返回 0
fscanf	int fscanf(fp,format,args,···) FILE * fp; char format;	从 fp 指定的文件中按给定的 format 格式将读入的数据送到 args 所指向的内存变量中（args 是指针）	已输入的数据个数
fseek	int fseek(fp,offset,base) FILE * fp; long offset; int base;	将 fp 所指向的文件的位置指针移到以 base 所指出的位置为基准，以 offset 为位移量的位置	返回当前位置，否则返回 -1
ftell	long ftell(fp) FILE * fp;	返回 fp 所指向的文件中的读写位置	返回文件中的读写位置，否则返回 0
fwrite	int fwrite(ptr,size,n,fp) char * ptr; FILE * fp; unsigned size,n;	把 ptr 所指向的 n * size 个字节输出到 fp 所指向的文件中	写到 fp 文件中的数据项的个数
getc	int getc(fp) FILE * fp	从 fp 指向的文件中读入下一个字符	返回读入的字符；若文件结束后或出错返回 EOF
getchar	int getchar( )	从标准输入设备读取下一个字符	返回字符，若文件结束或出错返回 -1
gets	char * gets(str) char * str;	从标准输入设备读取字符串存入 str 指向的数组	成功返回指针 str，否则返回 NULL
open	int open(filename, mode) char * filename; int mode;	以 mode 指定的方式打开已存在的名为 filename 的文件（非 ANSI 标准）	返回文件号（正数）；若文件打开失败，则返回 -1

（续）

函数名称	函数原型	函数功能	返回值
printf	int printf(format,args,…) char * format;	在 format 指定的字符串的控制下，将输出列表 args 的值输出到标准输出设备	输出字符个数。若出错，则返回负数
putc	int putc(ch,fp) int ch; FILE * fp;	把一个字符 ch 输出到 fp 所指的文件中	输出字符 ch，若出错，则返回 EOF
putchar	int putchar(ch) char ch;	把字符 ch 输出到标准的输出设备	输出字符 ch，若出错，则返回 EOF
puts	int puts(str) char * str;	把 str 指向的字符串输出到标准输出设备，将 '\0' 转换为回车换行	返回换行符，若失败，则返回 EOF
putw	int putw(w,fp) int I; FILE *fp;	将一个整数 I（即一个字）写到 fp 所指的文件（非 ANSI 标准）中	返回输出整数；若出错，则返回 EOF
read	int read(fd,buf,count) int fd; char * buf; unsigned int count;	从文件号 fd 所指示的文件（非 ANSI 标准）中读 count 个字节到 buf 指示的缓冲区中	返回其读入的字节个数，如遇文件结束返回 0，出错返回 −1
remove	int remove(fname) char * fname;	删除 fname 为文件名的文件	成功返回 0，出错返回 −1
rename	int rename(oname, nname) char * oname, * nname;	把 oname 所指的文件名改为由 nname 所指的文件名	成功返回 0，出错返回 −1
rewind	void rewind(fp) FILE * fp;	将 fp 指定的文件指针置于文件头，并清除文件结束标志和错误标志	成功返回 0，出错返回非零值
scanf	int scanf(format,args,…) char * format;	从标准输入设备按 format 指示的格式字符串规定的格式，输入数据给 args 所指示的单元（args 为指针）	读入并赋给 args 数据个数。遇文件结束返回 EOF，若出错返回 0
write	inr write(fd, buf, count) int fd; char * buf; unsigned count;	从 buf 指示的缓冲区输出 count 个字符到 fp 所指的文件（非 ANSI 标准）中	返回实际输出的字节数，若出错返回 −1

（5）动态存储分配函数

动态存储分配函数在 <stdlib.h> 中说明。对应的编译预处理命令如下：

#include <stdlib.h>

函数名称	函数原型	函数功能	返回值
calloc	void * calloc(n, size) unsigned n; unsigned size;	分配 n 个数据项的内存连续空间，每个数据项的大小为 size	分配内存单元的起始地址，若不成功，返回 0
free	void free(p) void * p;	释放 p 所指的内存区	无
malloc	void * malloc(size) unsigned size;	分配 size 字节的内存区	返回所分配的内存区地址，如内存不够，返回 0
realloc	void * realloc(p, size) void * p; unsigned size	将 p 所指的已分配的内存区的大小改为 size，size 可以比原来分配的空间大或小	返回指向该内存区的指针。若重新分配失败，则返回 NULL

169

（6）其他函数

标准库 <stdlib.h> 还有些常用的函数，由于不便归入某一类，所以单独列出。

函数名称	函数原型	函数功能	返 回 值
abs	int abs(num) int num;	计算整数 num 的绝对值	返回计算结果
atof	double atof(str) char * str;	将 str 指向的字符串转换为一个 double 型的值	返回双精度计算结果
atoi	int atoi(str) char * str;	将 str 指向的字符串转换为一个 int 型的整数	返回转换结果
atol	long atol(str) char * str;	将 str 所指向的字符串转换一个 long 型的整数	返回转换结果
exit	void exit(status) int status;	终止程序运行。将 status 的值返回调用的过程	无
itoa	char * itoa(n,str,radix) int n,radix; char * str	将整数 n 的值按照 radix 进制转换为等价的字符串，并将结果存入 str 指向的字符串中	返回一个指向 str 的指针
labs	long labs(num) log num	计算长整数 num 的绝对值	返回计算结果
ltoa	char * ltoa(n,str,radix) long int n; int radix; char * str;	将长整数 n 的值按照 radix 进制转换为等价的字符串，并将结果存入 str 指向的字符串中	返回一个指向 str 的指针
rand	int rand( )	产生 0 到 RAND-MAX 之间的伪随机数。RAND-MAX 在头文件中定义	返回一个伪随机（整）数
random	int random(num) int num;	产生 0 到 num 之间的随机数	返回一个随机（整）数
randomize	void randomize( )	初始化随机函数。使用时要求包含头文件 time.h	无
system	int system(str) char * str;	将 str 所指向的字符串作为命令传递给 DOS 的命令处理器	返回所执行命令的退出状态
strtod	double strtod(start,end) char * start; char **end;	将 start 指向的数字字符串转换成 double，直到出现不能转换为浮点数的字符为止，剩余的字符串赋给指针 end。*HUGE-VAL 是 turbo C 在头文件 math.h 中定义的数学函数溢出标志值	返回转换结果。若未转换则返回 0。若转换出错，返回 HUGE-VAL，表示上溢；或返回 -HUGE-VAL，表示下溢
strtol	long int strtol(start,end,radix) char * start; char **end; int radix	将 start 指向的数字字符串转换成 long，直到出现不能转换为长整型数的字符为止，剩余的字符串赋给指针 end。转换时，数字的进制由 radix 确定。* LONG-MAX 是 turbo C 在头文件 limits.h 中定义的 long 型可表示的最大值	返回转换结果。若未转换则返回 0。若转换出错，返回 LONG-VAL，表示上溢；或返回 -LONG-VAL，表示下溢

（7）格式化输入函数的典型应用

sscanf、fscanf 与 scanf 类似，都是用于输入的，只是后者以屏幕（stdin）为输入源，前者以字符串或文件作为输入源。下面以 sscanf 为例，给出了格式化字符串的典型用法。

1）最常见用法。

```
char buf[512] = ;
sscanf("123456 ", "%s", buf);
printf("%s\n", buf);
```

结果为：123456

2）取指定长度的字符串。例如在下例中，取最大长度为 4 字节的字符串。

```
sscanf("123456 ", "%4s", buf);
printf("%s\n", buf);
```

结果为：1234

3）取到指定字符为止的字符串。例如在下例中，取遇到空格为止的字符串。

```
sscanf("123456 abcdedf", "%[^ ]", buf);
printf("%s\n", buf);
```

结果为：123456

4）取仅包含指定字符集的字符串。例如在下例中，取仅包含 1～9 和小写字母的字符串。

```
sscanf("123456abcdedfBCDEF", "%[1-9a-z]", buf);
printf("%s\n", buf);
```

结果为：123456abcdedf

5）取到指定字符集为止的字符串。例如在下例中，取遇到大写字母为止的字符串。

```
sscanf("123456abcdedfBCDEF", "%[^A-Z]", buf);
printf("%s\n", buf);
```

结果为：123456abcdedf

6）给定一个字符串 iios/12DDWDFF@122，获取 / 和 @ 之间的字符串，先将"iios/"过滤掉，再将非 '@' 的一串内容送到 buf 中。

```
sscanf("iios/12DDWDFF@122", "%*[^/]/%[^@]", buf);
printf("%s\n", buf);
```

结果为：12DDWDFF

7）给定一个字符串"hello, world"，仅保留 world。（注意："，"之后有一空格）

```
sscanf( "hello, world", "%*s%s", buf);
printf("%s\n", buf);
```

结果为：world

%*s 表示第一个匹配到的 %s 被过滤掉，即 hello 被过滤了，如果没有空格则结果为 NULL。

sscanf 的功能很类似于正则表达式，但却没有正则表达式强大。所以对于比较复杂的字符串处理，建议使用正则表达式。

附录 D　C 语言程序技能自我评估表

任 务 名 称	主要考察点	建议时间（分钟）	评　估
Hello World	输出字符串	1	
A+B 问题	输入输出	1	
三位数反转	整数和取余、格式化输入	2	
计算两点之间的距离	浮点数、数学库的使用	3	
两个数的较大值	分支结构、三元运算符	3	
字符释义	多分支、switch-case	4	
计算 1-100 之和	for 循环、累加求和	3	
水仙花数	for 循环、除法和取余	3	
爱因斯坦的数学题	for 循环、break 语句	3	
计算调和级数	for 循环、浮点数	3	
抓交通肇事犯	for 循环、生成数列	3	
3n+1 问题	while 循环、流程图	3	
九九乘法表	二重循环、序进原理	5	
迭代法求平方根	do-while 循环、迭代法	5	
奇妙数列	函数使用、while 循环	5	
汉诺塔	递归函数	8	
输出三个字符串中最长的字符串	字符串函数、迁移能力	5	
计算两点之间的距离（结构体实现）	结构体	5	
奇数阶魔方	分支结构、二维数组	10	
美丽的蝴蝶	自学能力	10	
合计			

评估方式：每题 5 分，共 20 题，合计 100 分。为了评估编写代码的熟练程度，这里引入了建议时间。在建议的时间内完成，获得全部分数；超过建议的时间完成，获得 60% 的分数。

评估说明："C 语言程序设计"课程目标主要是培养程序设计的能力。这里给出的评估方式的优点是操作简便，并且给出了建议时间，强调对常用任务的熟练掌握。这种评估方式的不足在于缺少对知识点理解的评估。

评估方式的推广：这种评估方式很适合程序设计类课程。学习者能在限定时间内完成若干个典型的工作任务，就可以认为初步掌握了这一课程。对于较为复杂的项目类任务，可以提供一定的必要文件和参考资源，不一定需要从零开始来完成任务。

附录 E　VS Code 作为 C 语言的开发环境

Visual Studio Code（下面简称 VS Code）是由微软公司开发的开源、免费、跨平台的代码编辑器。微软希望它在保持核心轻量化文本编辑器的基础上，为编辑器添加项目支持、智能感知和编译调试。

VS Code Team 由著名工程师 Erich Gamma 领导，Erich 是《设计模式》作者之一，Eclipse 之父，拥有多年的 IDE 开发经验。Erich Gamma 见证了 Eclipse 从崛起到逐渐式微的整个历程，他深刻认识到 Eclipse 成功的一部分原因是极度的可定制化特性，任何功能在 Eclipse 中都可以用插件来实现。但随着插件的增多，核心功能经常会被插件拖累，也就更加让人觉得笨重。因此，在打造 Monaco Editor 时，开发团队非常注重核心功能的性能，尽可能地保持轻量，而对资源和性能消耗较大的功能，则运行在其他的进程之中。

2015 年，Erich Gamma 带领团队把 Monaco Editor 移植到桌面平台上，也就是 Visual Studio Code。VS Code 继承了 Monaco Editor 的设计原则，其核心是做一个高性能的轻量级编辑器，个性化的功能则交给插件系统来完成。插件系统运行在主进程之外，高度可定制但同时又是可控的。

VS Code 本质上是一个编辑器，如果要运行程序，则需要安装相应的编译器。下面介绍在 VS Code 下运行 C/C++ 的步骤。

1.　下载并安装软件

VS Code 是开源与开放的平台，源代码以 MIT 协议开源，托管在 GitHub 上。软件可在官网下载，但从国内下载的速度较慢，可以替换成使用国内镜像，具体方法搜索"Visual Studio Code 国内镜像"。软件的安装很容易，根据安装过程建议即可完成。

2.　安装和配置编译器

在 Windows 系统上，需要安装 MinGW（GCC 编译器的移植版），如果安装过 C-Free 5，则已经包含了 MinGW，但需要配置环境变量。对于 Linux 和 macOS 来说，都默认安装有 GCC 编译器。

3.　安装插件

VS Code 的大量扩展功能是通过插件完成的，插件的安装很简单，类似于在手机中安装应用，分为 3 个步骤：来到应用商店（VS Code 中的扩展），通过搜索关键字找到该插件，然后单击"安装"。

VS Code 安装完成后，界面是英文的。对于英文基础薄弱的读者，可以为 VS Code 安装一个 Chinese 插件，使其变为中文版的 VS Code。安装过程如附图 1 所示。

附图 1　安装插件的 3 个步骤

使 VS Code 编辑器具备执行 C 和 C++ 代码能力的配置方法很简单，只需要为其安装 2 个扩展插件即可，分别为 C/C++ 扩展插件和 Code Runner 插件，如附图 2 所示。

附图 2　安装插件 C/C++ 和 Code Runner

安装完成后，可以运行"Hello，World"程序。

4. 开启"允许在终端运行"选项。

如果需要运行类似"求两数之和"这类需要从命令行获取输入的程序，还需要开启"允许在终端运行"选项，如附图 3 所示。

附图 3　开启"允许在终端运行"选项

5. 运行示例程序

在 VS Code 中运行两数之和的 C 语言、Java、Python 版本的效果如附图 4 所示。

附图 4　在 VS Code 中运行两数之和的 C 语言、Java、Python 版本

注： 运行 Java 需要安装 JDK，运行 Python 需要安装 IDLE。

附录 F　常用的程序在线评测系统

程序在线评测系统（Online Judge，简称 OJ）起源于 ACM 国际大学生程序设计竞赛。常见的 OJ 有北京大学的 POJ、杭州电子科技大学的 HDOJ 等。各大评测系统广泛应用于程序设计竞赛参赛队员的训练和选拔，以及世界各地高校学生算法和数据结构的学习和作业的自动提交判断中。

本书介绍用户较多的洛谷和力扣，前者定位于算法竞赛，后者定位于求职面试。

1. 洛谷

洛谷于 2013 年开始运营，为广大算法竞赛选手、程序设计爱好者以及院校、企业机构提供算法题库、社区、训练工具、在线教育为一体的解决方案。

洛谷主题库题目多而不杂，有不同难度、不同知识点的题目，适合不同水平的学习者使用。除了官方的难度分级题库，洛谷上还有官方和用户精心整理的题单，这些题单往往将相同知识点的题目整合汇总，最大程度满足用户们的个性化需求。同时，每道题都有对应的题解专区和讨论专区，给用户们提供解题参考和互相求助的平台。总体而言，洛谷社区是一个适合广大学生群体进行编程学习、刷题和交流的网站。

2. 力扣

力扣（LeetCode）是定位为求职的做题网站，题库以算法题为主。力扣的题目数量众多，而且在持续增加新题。除了题库以外，力扣还有学习、讨论、竞赛、求职、在线面试等功能。力扣的题库以算法题为主，此外还有数据库、脚本和多线程的题目。

力扣采用调用类的方式进行测评，仅需要打出代码的核心部分，能够减少重复工作，提高刷题效率。在力扣的编辑器里写好代码之后，可以在控制台自定义测试用例，然后执行代码，根据特定的测试用例检验代码的正确性。

力扣上的每道题目都有评论区和题解区。评论区包括用户对题目的评论以及部分代码，题解区包括官方题解和用户写的题解。题解区的题解质量高低不一，因此应该学习优质的题解。一般而言，官方题解、精选题解和排名靠前的题解都是优质的题解，是值得学习的。一道题目可能有多种解法，多看题解，也可以学到不同的解法。

附录 G　C 语言速查表

声明

整数类型	int a, b;
字符类型	char c1, c2;
浮点型（双精度）	double x, y;
整型数组	int a[100], b[100];
字符数组	char s1[100], s2[100];

输入

两个整数	scanf("%d%d", &a, &b);
两个字符	c1 = getchar(); c2 = getchar();
浮点型（双精度）	scanf("%lf%lf", &x, &y);
整型数组	for (i=0; i<100; i++) scanf("%d", &a[i]);
两个字符串（以空格界定）	scanf("%s%s", s1, s2);
两行字符串（可包含空格）	gets(s1); gets(s2);

输出

两个整数	printf("%d %d", a, b);
两个字符	putchar(c1);putchar(c2); printf("%c%%c", c1,c2);
两个浮点数	printf("%.3f %.3f", x, y);
数组（100 个整数）	for (i=0; i<100; i++) printf("%d", a[i]);
两个字符串	printf("%s %s", s1, s2);
两行字符串	puts(s1); puts(s2);

for 循环遍历

[0,1,2,…,9]	for (i=0; i<=9; i++)
[0,1,2,…,n−1]	for (i=0; i<n; i++)
[n−1, …, 1, 0]	for (i=n−1; i>=0; i−−)
[1,2,…,n]	for (i=1; i<=n; i++)
[1,2,3,4,…]	for (i=1; ; i++)
小于 n 的奇数	for (i=1; i<n; i=i+2)
遍历字符串·数组方式	for (i=0; s[i]!='\0'; i++) for (i=0; s[i]; i++)
遍历字符串·指针方式	for (p=s; *p!='\0'; p++) for (p=s; *p; p++)

参 考 文 献

[1] BRIAN W K, DENNIS M R. C 程序设计语言 [M]. 2 版. 徐宝文，译. 北京：机械工业出版社，2004.

[2] 刘汝佳. 算法竞赛入门经典 [M]. 2 版. 北京：清华大学出版社，2014.

[3] 谭浩强. C 程序设计 [M]. 4 版. 北京：清华大学出版社，2010.

[4] 柴田望洋. 明解 C 语言 [M]. 管杰，罗勇，译. 北京，人民邮电出版社，2013.

[5] ERIC S R. UNIX 编程艺术 [M]. 姜宏，何源，蔡晓骏，译. 北京：电子工业出版社，2012.

[6] MARK L. Python 学习手册 [M]. 4 版. 李军，等译. 北京：机械工业出版社，2011.

[7] BRUCE E. Java 编程思想 [M]. 4 版. 陈昊鹏，译. 北京：机械工业出版社，2007.

[8] 列旭松，陈文. PHP 核心技术与最佳实践 [M]. 北京：机械工业出版社，2012.